Description des expériences de
la machine aérostatique
de MM. de Montgolfier

*Et de celles auxquelles
cette découverte a donné lieu*

Barthélemy Faujas de Saint-Fond

CAMBRIDGE
UNIVERSITY PRESS

CAMBRIDGE
UNIVERSITY PRESS

University Printing House, Cambridge, CB2 8BS, United Kingdom

Cambridge University Press is part of the University of Cambridge.
It furthers the University's mission by disseminating knowledge in the pursuit of
education, learning and research at the highest international levels of excellence.

www.cambridge.org
Information on this title: www.cambridge.org/9781108069601

© in this compilation Cambridge University Press 2014

This edition first published 1783
This digitally printed version 2014

ISBN 978-1-108-06960-1 Paperback

CAMBRIDGE LIBRARY COLLECTION

Books of enduring scholarly value

Technology

The focus of this series is engineering, broadly construed. It covers technological innovation from a range of periods and cultures, but centres on the technological achievements of the industrial era in the West, particularly in the nineteenth century, as understood by their contemporaries. Infrastructure is one major focus, covering the building of railways and canals, bridges and tunnels, land drainage, the laying of submarine cables, and the construction of docks and lighthouses. Other key topics include developments in industrial and manufacturing fields such as mining technology, the production of iron and steel, the use of steam power, and chemical processes such as photography and textile dyes.

Description des expériences de la machine aérostatique de MM. de Montgolfier

The French geologist and traveller Barthélemy Faujas de Saint-Fond (1741–1819) was a strong supporter of the aerostatic experiments of the Montgolfier brothers, seeking to publicise their pioneering endeavours in this 1783 work. Exploiting the principle that hot air is lighter than cold, the Montgolfiers developed and demonstrated their hot air balloons to great acclaim. In this collection of reports, Faujas presents the details of each experiment, describing the balloons as well as potential improvements. Where possible, he specifies the position of witnesses, precise timings and viewing angles. A number of finely engraved plates enhance the work, giving readers a flavour of the spectacle that impressed contemporary observers. Faujas published a second volume, containing additional accounts and illustrations, in 1784. His *Minéralogie des volcans* (1784) and *Essai de géologie* (1803–9) are also reissued in this series.

Pla: 5.

Experience faite à Versaille, en présence de leurs Majestés et de la Famille Royale,
par M. Montgolfier, le 19. Sept. 1783.
La Machine Aérostatique avoit 57. Pieds de haut sur 41. de Diamètre.

DESCRIPTION

DES EXPÉRIENCES

DE LA MACHINE

AÉROSTATIQUE

DE MM DE MONTGOLFIER,

Et de celles auxquelles cette découverte a donne lieu ;

SUIVIE

DE RECHERCHES fur la hauteur à laquelle eft parvenu le Ballon du Champ-de-Mars; fur la route qu'il a tenue ; fur les différens degrés de pefanteur de l'air dans les couches de l'atmofphere ;

D'UN MÉMOIRE fur le gáz inflammable & fur celui qu'ont employé MM. de Montgolfier ; furd'art de faire les Machines aéroftatiques, de les couper, de les remplir, & fur la manière de diffoudre la gomme élaftique, &c. &c.

D'UNE LETTRE fur les moyens de diriger ces Machines, & fur les différens ufages auxquels elles peuvent etre employées.

OUVRAGE orné de neuf planches en taille-douce, repré-fentant les diverfes Machines qui ont été conftruites jufqu'à ce jour, particulièrement celle de Verfailles, & celle dans laquelle des hommes ont été enlevés jufqu'à la hauteur de 324 pieds , &c. &c.

Par M. FAUJAS DE SAINT-FOND.

A PARIS,

Chez CUCHET, rue & hôtel Serpente.

M. DCC. LXXXIII.

Avec Approbation & Privilège du Roi

A MONSIEUR

LE COMTE DE VAUDREUIL,

Grand Fauconnier de France , Maréchal des Camps & Armées du Roi,
Chevalier de l'Ordre du S. Efprit, &c.
&c. &c. &c.

MONSIEUR LE COMTE,

J'AI l'honneur de vous adreffer les détails d'une découverte qui occupe les
Savans de l'Europe , qui a fait l'objet
des derniers travaux du célèbre Euler ,
& qui fixe dans ce moment l'attention de
plufieurs Souverains.

Cette étonnante découverte, dont on
ne trouve aucune trace dans l'antiquité,
est une de celles que l'effort de l'esprit
humain paroît avoir saisie le plus tard,
quoique le principe en soit simple & à
la portée de tout le monde.

Les premiers essais qui en ont constaté
le succès, ont été faits au mois de Juin
dernier, dans une petite ville de France;
& les progrès des expériences répétées à
Paris ont été tels, qu'au mois de Novembre suivant, l'on a vu des hommes s'élever & se soutenir sans aucune espèce de
danger, à une grande hauteur, & se me-
nager les moyens de monter & de descendre
à volonté.

Des résultats aussi satisfaisans ne peuvent que donner les idées les plus avan-
tageuses d'une Machine, dont les succès
iront peut-être quelques jours au-delà de
nos espérances, si nous pouvons mettre

de la suite & de la constance dans nos recherches.

Il est vrai que si notre zèle se rallentit,
celui de nos voisins en acquerra peut-
être plus d'activité ; car, puisqu'on va
s'occuper en Allemagne, en Russie & en
Italie de ces mêmes expériences, il est
à présumer que les Anglois qui ont en
vénération les Sciences, ne resteront pas
dans une indifférence & une oisiveté étrangère à leur caractère.

Quoi qu'il en soit, j'ai cru devoir réunir sous un même point de vue, le tableau de tout ce qui a été fait d'interes-
sant à ce sujet ; mon unique but a été
d'être utile à ceux qui voudront suivre le
même objet, & de rendre justice en même-
tems aux Auteurs de cette découverte.

Je me félicite, dans cette circonstance,
de m'être occupé d'un travail qui me
procure l'avantage de faire paroître cet

Ouvrage ſous vos auſpices : votre amour pour les Lettres & les Beaux - Arts vous donne des droits mérités ſur tout ce qui leur eſt relatif ; & l'on ne ſauroit trop vous ſavoir gré de ce que vous les rendez ſi recommandables, dans une Cour où l'on en ſent depuis ſi long-tems l'utilité, & où l'on s'eſt toujours fait gloire de les protéger & de les faire fleurir.

Je ſuis, avec le plus reſpectueux attachement,

MONSIEUR LE COMTE,

Votre très-humble & très
obéiſſant ſerviteur,
FAUJAS DE SAINT-FOND.

DISCOURS

PRÉLIMINAIRE.

LA découverte de MM. de Montgolfier a produit une grande fenfation dans l'Europe, & elle eft inconteftablement le fruit du génie; mais jufqu'à préfent les détails des belles expériences qui ont été faites à ce fujet, font fi peu connus, & tout ce qu'on en a rapporté eft fi vague, & fouvent fi contradictoire, que les perfonnes éloignées de la capitale, fe font trouvées dans une incertitude & un embarras qui ne leur a pas permis de fuivre une carrière auffi neuve & auffi intéreffante.

C'eft dans l'intention de parer à cet inconvénient, & de donner aux favans une preuve du défir que j'ai de faire quelque chofe qui puiffe leur être agréable, que je m'empreffe de publier des faits

que j'ai fuivis moi-même avec attention ;
j'ai tâché de ne négliger aucune des cir-
conftances qui pourroient tendre à donner des éclairciffemens fur cette matière.

Toutes les perfonnes inftruites, & qui
prennent intérêt aux fciences, ont très-
bien fenti le mérite de cette découverte,
& ont rendu juftice à ceux qui en
étoient les inventeurs ; mais, comme
l'on ne doit pas s'attendre que les hommes aient tous le même génie & la
même façon de penfer, & qu'il en eft
d'affez malheureufement nés, pour n'ap-
prouver que ce qu'ils ont fait eux-mêmes, MM. de Montgolfier ont dû trouver quelques contradicteurs & des jaloux.
Ils ont été, à la vérité, en bien plus
petit nombre dans un fiècle éclairé, que
dans un tems où il y auroit eu moins d'inf-
tructions ; un feul n'a pas craint d'avancer
*qu'il avoit eu depuis plus d'un an le projet
d'exécuter une Machine aéroftatique en
taffetas enduit de gomme élaftique, qu'il
vouloit remplir d'air inflammable.* Mais il

n'eft point de découverte que l'ignorance
ou la médiocrité n'enlevât au génie, en
employant un pareil langage. Quelques
autres, moins mal intentionnés, mais nés
avec un efprit inquiet, & poffédés de la
manie de vouloir ôter toute efpèce de découverte à leurs contemporains, ont prétendu que MM. de Montgolfier avoient
eu parmi les auteurs anciens des guides
qui les ont dirigés, & que leur expérience n'eft pas nouvelle. Ces derniers
voulant prouver leur affertion, fe font
enfoncés dans l'érudition, & ont bou-
leverfé des bibliothèques entières; ils
ont cité *Lana, Leibnitz, Borelli, le père
Galien*, & jufqu'à un manufcrit efpa-
gnol, qu'on a d'abord dit exifter à la
bibliothèque du Roi, & enfuite dans
celle de Turin. Comme ce manufcrit
n'eft certainement pas à Paris, & qu'on
n'a donné aucune preuve qu'il fût dans
la bibliothèque du Roi de Sardaigne,
& fur-tout comme on n'a pas dit un mot
de ce qu'il contenoit, il eft inutile d'en

(x)

parler davantage. Quant à Leibnitz & à Borelli, ces deux favans, loin de donner des idées fur la manière de s'enlever, en ont au contraire l'un & l'autre nié la poffibilité.

Lana & *Galien* méritent plus d'attention ; le livre de ce premier auteur étant très-rare, j'entrerai dans quelques détails à fon fujet ; je rapporterai auffi quelques paffages curieux du père Galien, dont l'ouvrage, tombé dans l'oubli, quoique le fruit d'une imagination vive & fyftématique, n'eft pas dénué de tout mérite.

Le jéfuite Pierre-François Lana de Brefcia, publia en 1670 un ouvrage italien, qui a pour titre *Prodromo dell'arte maeftra. Brefcia, 1670, nella ftamperia dei Rizzardi*, in-folio, avec des gravures. Ce livre eft extrêmement rare, & l'exemplaire que j'ai confulté eft celui de la bibliothèque du Roi (1).

_____

(1) Quoique la bibliothèque fût fermée à caufe des vacances, M. l'Abbé des Aulnays, qui facrifie fon repos au

(xj)

L'on trouve dans le chapitre *6*, le projet de *conſtruction d'un navire qui de-voit ſe ſoutenir & voyager dans l'air à voile & à rames.*

Les principaux agens de cette machine, conſiſtoient en quatre Sphères ou Globes, dans leſquels le vide parfait devoit être produit. Leur diamètre étoit de 20 pieds; leur ſuperficie, ſelon les calculs de l'auteur, de 1232 pieds, & leur ſolide de 5749 pieds ⅓. Mais outre que ces proportions ne ſont pas exactes, c'eſt que ſa manière d'opérer le vide eſt des plus défectueuſes; car il exigeoit pour cela de remplir les Ballons d'eau, de les vider, & de fermer tout de ſuite le robinet par où l'eau devoit s'échapper. Enfin, *Lana* ne donnant à l'épaiſſeur de ſon cuivre que ‒ de ligne, rendoit l'exécution de ſes Globes abſolument impoſſible. Auſſi Leibnitz qui a commenté ce projet, conclut avec rai-

(xij)

fon de l'exceffive ténuité de cette enveloppe, que la chofe ne pouvoit pas avoir
lieu ; *quod fieri nequit.*

Comme la gravure qui accompagne
l'ouvrage *dell'arte maeftra*, repréfente
quatre Ballons qui fe foutiennent en l'air,
& qui fupportent, au moyen de cordages,
un bateau avec une voile, les perfonnes qui ont été à portée d'obferver cette
planche fans lire le texte, n'ont pas manqué de conclure que MM. de Montgolfier n'ont fait que copier *Lana* ; mais
l'on voit à préfent que leur découverte
eft abfolument étrangère aux idées du
Jéfuite italien.

L'ouvrage de *Lana* n'étant pas entre
les mains de tout le monde, j'ai cru qu'on
verroit avec plaifir la forme de fon bateau fupporté par des Globes, & c'eft
ce qui m'a déterminé à le faire graver.
Voyez la planche IX, copiée très-fervile-
ment fur celle de cet auteur.

Le père *Jofeph Galien*, dominicain,
ancien profeffeur de philofophie & de

théologie dans l'univerfité d'Avignon, publia en 1755, *à Avignon chez le libraire Fez*, une brochure petit in-12, intitulée *l'art de naviger dans les airs, amufement phyfique & geométrique, précédé d'un mémoire fur la nature & la formation de la grêle.*

Ce livre dont il y a eu une feconde édition chez le même libraire en 1757, & qui n'avoit été regardé jufqu'à préfent que comme un délire d'imagination, n'eft pas fans intérêt depuis la découverte de MM. de Montgolfier, & je penfe que les lecteurs en verront ici avec plaifir quelques paffages. « Nous voici donc » arrivés, dit le père Galien, au mo- » ment de la conftruction de notre vaif- » feau pour naviger dans les airs & tranf- » porter, fi nous le voulons, une nom- » breufe armée avec tous fes attirails » de guerre & fes provifions de bouche, » jufqu'au milieu de l'Afrique, ou dans » d'autres pays non moins inconnus. » Pour cela, il faut lui donner une vafte

» capacité ; qu'importe, il n'en coûtera
» pas davantage, dès que nous ne le
» fabriquerons qu'en idée.

» Plus il fera grand, plus fa pefanteur
» en fera abfolument plus grande, mais
» auffi elle en fera moindre refpective-
» ment à fon énorme grandeur, comme
» peuvent le comprendre ceux qui ont
» quelque teinture de géométrie, & qui
» favent que plus un corps eft grand,
» moins il a à proportion de fuperficie,
» quoiqu'il en ait abfolument davantage.

» Nous conftruirons ce vaiffeau de
» bonne & forte toile doublée, bien
» cirée ou goudronée, couverte de peau,
» & fortifiée de diftance en diftance de
» bonnes cordes, ou même de cables
» dans les endroits qui en auront befoin,
» foit en dedans, foit en dehors, en telle
» forte qu'à évaluer la pefanteur de tout
» le corps de ce vaiffeau, indépendam-
» ment de fa charge, ce foit environ
» deux quintaux par toife quarrée.

» Quant à la forme qu'il faudra don-

» ner à ce vaiſſeau, on aura aſſez le loi-
» ſir d'y penſer, avant que de mettre la
» main à l'œuvre ; contentons-nous pour
» le préſent d'examiner ſi un vaiſſeau de
» figure cubique, ayant, par exemple,
» 1000 toiſes de diamètre, dont le ſeul
» corps, indépendamment de ſa charge,
» pèſeroit 200 livres ou 2 quintaux par
» toiſe quarrée, pourroit ſe ſoutenir dans
» l'air à la région de la grêle, ſuppoſé
» que la peſanteur de l'air de cette région
» ſoit à celle de l'eau, comme 1 eſt à
» 1000, & que la peſanteur de l'air de
» la région immédiatement au-deſſus,
» ne ſoit à celle de l'eau que comme 1
» eſt à 2000.

» Le vaiſſeau ſeroit plus long & plus
» large que la ville d'Avignon, & ſa
» hauteur reſſembleroit à celle d'une
» montagne bien conſidérable. Un ſeul
» de ſes côtés contiendroit un million
» de toiſes quarrées ; car 1000 eſt la ra-
» cine quarrée d'un million. Il auroit ſix
» côtés égaux, puiſque nous lui don-

» nons une figure cubique. Nous fuppo-
» fons auffi qu'il fût couvert ; car , s'il
» ne l'étoit pas, il ne faudroit avoir égard
» qu'à cinq de fes côtés, pour mefurer
» combien pèferoit le corps de tout le
» vaiffeau indépendamment de fa cargai-
» fon, en lui donnant deux quintaux de
» pefanteur par toife quarrée. Ayant
» donc fix côtés égaux , & chaque côté
» étant d'un 1000000 de toifes quarrées ,
» dont chacune pefant deux quintaux ,
» il s'enfuit que le feul corps de ce vaiffeau
» pèferoit 12000000 de quintaux , pefan-
» teur énorme , au-delà de dix fois plus
» grande que n'étoit celle de l'arche de
» Noé avec tous les animaux , & tou-
» tes les provifions qu'elle renfermoit ».

Le père Galien interrompt alors ces
détails pour calculer la pefanteur de cette
arche célèbre , & cette épifode l'éloigne,
pour quelque tems , de fon vaiffeau.
Mais enfin il y revient, & continue ainfi
fa narration.

« Nous voilà donc embarqués dans l'air
» avec

(xvij)

» avec un vaiffeau d'une horrible pefan-
» teur. Comment pourra-t-il s'y foutenir
» & tranfporter avec cela une nom-
» breufe armée, tout fon attirail de
» guerre & fes provifions de bouche,
» jufqu'au pays le plus éloigné? C'eft ce
» que nous allons examiner.

» La pefanteur de l'air de la région
» fur laquelle nous établiffons notre na-
» vigation, étant fuppofée à celle de l'eau
» comme 1 à 1000, & la toife cube
» d'eau pefant 15120 livres, il s'enfuit
» qu'une toife cube de cet air pèfera
» environ 15 livres & 2 onces; & celui
» de la région fupérieure étant la moitié
» plus léger, la toife cube ne pèfera
» qu'environ 7 livres 9 onces. Ce fera
» cet air qui remplira la capacité du
» vaiffeau; c'eft pourquoi nous l'appel-
» lerons l'air intérieur, qui réellement
» pèfera fur le fond du vaiffeau, à rai-
» fon de 7 livres 9 onces par toife cube;
» mais l'air de la région inférieure lui
» réfiftera avec une force double, de

b

(xviij)

» forte que celui-ci ne confumera que
» la moitié de fa force pour le con-
» trebalancer, & il lui en reftera encore
» la moitié, pour contrebalancer &
» foutenir le vaiffeau avec toute fa
» cargaifon.

» Le vaiffeau que nous avons lancé
» en idée fur la région de la grêle, eft
» de figure cubique; mille millions de
» toifes cubes péfant chacune 7 livres
» 9 onces, font 7562500000 livres, ou
» 75625000 quintaux. Notre vaiffeau fe
» foutiendra donc dans la région où nous
» l'avons placé, pourvu qu'avec fa car-
» gaifon, il ne pèfe pas au-delà de
» 75625000 quintaux. Mais-parce que,
» pour naviger fans danger évident, il
» faut que le vaiffeau élève fes bords
» jufqu'à une certaine hauteur au-deffus
» de fon fluide, autrement, à la moin-
» dre fecouffe, le fluide y entreroit, &
» le feroit couler à fond ; allégeons notre
» vaiffeau de 5625000 quintaux, & ne
» lui laiffons pour tout fon poids avec fa

» cargaifon, que 7000000 de quintaux.
» Par le moyen de cet allégement , qui
» feroit un peu plus que la douzième
» partie de tout le poids , ce vaiffeau
» s'éleveroit au - delà de 83 toifes au-
» deffus du niveau de la région de la grêle
» fur laquelle il navigeroit.

» Qui de 7000000 quintaux , ôte
» 12000000 quintaux que pèferoit le
» feul corps du vaiffeau , refte encore
» pour fa cargaifon 58000000 quintaux ;
» ce qui iroit 54 fois au-delà de ce que
» pouvoit pefer l'arche de Noë avec
» tout ce qu'elle contenoit d'animaux
» & de provifions pour un an que
» dura le déluge....... Quand bien
» même il entreroit dans notre vaif-
» feau quatre millions de perfonnes ,
» pefant chacune trois quintaux, ce qui
» eft un poids au-deffus de ce que pèfe
» le commun des hommes , & que nous
» permettrions à chacune de ces perfon-
» nes d'avoir avec lui 9 quintaux en
» provifion ou en marchandifes , tout

» cela ne feroit qu'une charge de quarante-
» huit millions de quintaux. Il s'en man-
» queroit donc encore dix millions de
» quintaux , pour fon entière cargaifon.

» Je comprends donc qu'il ne feroit
» pas néceffaire de conftruire, pour no-
» tre navigation aérienne , des vaiffeaux
» d'une fi prodigieufe grandeur.

» Quant à la forme qu'il faudroit
» donner à ces vaiffeaux , elle feroit
» fans doute bien différente de celle
» dont nous venons de parler. Il y au-
» roit beaucoup de chofes à ajouter ou
» à réformer , pour les rendre com-
» modes , & bien des précautions à
» prendre pour obvier aux inconvé-
» niens ; mais ce font des chofes que
» nous laiffons aux fages réflexions de
» nos habiles machiniftes.

» Cette navigation , au refte , ne fe-
» roit pas fi dangereufe que l'on pour-
» roit fe l'imaginer peut-être le feroit-
» elle moins que celle de mer. Dans
» celle-ci , tout eft perdu lorfque le

» vaiffeau vient à couler à fond; au-
» lieu que le cas arrivant dans celle-là,
» on fe trouveroit doucement mis à
» terre, au grand contentement de ceux
» qui feroient ennuyés de voguer entre
» le ciel & la terre, & qui aimeroient
» mieux venir nous raconter ce qu'ils
» auroient vu fe paffer dans ce haut pays
» des nues, que de continuer leur route.

» Le vaiffeau, en defcendant ici bas,
» iroit avec une lenteur à ne rien faire
» craindre de funefte pour les gens de
» dedans, la vafte étendue de la colonne
» d'air de deffous s'oppofant à la vîteffe
» de fa chute. D'ailleurs ce vaiffeau,
» après même s'être fubmergé & rempli
» d'air groffier, ne pèferoit jamais un
» tiers de plus qu'un pareil volume de
» cet air. Il viendroit donc à terre beau-
» coup plus lentement que ne peut faire
» la plume la plus légère, puifque cette
» plume, malgré fa légèreté, pèfe grand
» nombre de fois plus que l'air en pareil
» volume, & par conféquent beaucoup

» plus à proportion des maſſes, que
» ne feroit notre vaiſſeau ſubmergé »

Je me ſuis laiſſé infenfiblement en-
traîner à tranfcrire ici tout ce que le
père Galien a dit de plus remarquable
ſur la conſtruction & l'uſage de ſon
vaiſſeau ; j'avoue de bonne foi que cette
eſpèce de rêve philofophique qui avoit
paſſé juſqu'à ce jour pour le délire le plus
complet, a dans ce moment je ne ſais
quoi de curieux & d'intéreſſant qui
attache.

L'idée de ce vaiſſeau, d'une capacité
immenſe, fait avec une enveloppe de
toile ou de cuir, & plein d'un air une
fois plus léger que l'air atmoſphérique,
préfente une eſpèce de rapport qui ſe
rapproche juſqu'à un certain point de
l'expérience de la Machine aéroſtatique ;
& l'intérêt qu'on a pris à la découverte de
MM. de Montgolfier, influe avantageu-
ſement ſur la théorie hardie, mais ingénieuſe du docteur dominicain.

Il eſt inconteſtable, en ſuppofant que

MM. de Montgolfier aient eu connoiffance de ce livre, qu'ils n'ont pu y puifer
aucun des moyens analogues à ceux
qu'ils ont employés ; le père Galien
ayant befoin d'un air plus léger que l'air
atmofphérique, ne pouvoit le trouver
que dans la région de la grêle, & il y
tranfportoit fon vaiffeau fur les ailes de
l'imagination, pour y prendre des provifions de cet air. MM. de Montgolfier
au contraire, cherchant un air auffi léger, favent le créer, & le produifent à
volonté. L'un, femblable à Cyrano de
Bergerac, voyage dans l'empire des
chimères (1); les deux autres, éclairés
par le flambeau du génie, calculant des

---

(1) Une preuve que le père Galien, en donnant fon
Traité fur l'*art de naviguer dans les airs*, n'avoit
jamais prétendu faire un ouvrage férieux, c'eft qu'il
s'exprime dans un avertiffement qui eft à la tête de fon
livre, de la manière fuivante : « Quant à la confé-
» quence ultérieure de pouvoir naviguer dans l'air, à la
» hauteur de la région de la grêle, je ne penfe pas que
» cela expofe jamais perfonne aux frais & aux dangers
» d'une telle navigation ; il n'eft queftion ici que d'une

forces nouvelles , & les dirigeant avec
méthode , débutent par une expérience
faite pour étonner l'efprit humain.

M. de la Folie, de Rouen , auteur d'un
roman philofophique publié en 1775 ,
in-8°. fous le titre du *Philofophe fans*
prétention , ou *l'homme rare* , fit placer à
la tête de fon livre une gravure qui repréfente un homme dans une efpèce de
cage garnie de nuages , couronnée par
deux Globes , & fufpendue en l'air. Plufieurs perfonnes qui fe font contentées
de voir l'eftampe fans lire l'ouvrage ,
n'ont pas manqué de publier que ce
nouveau char volant avoit donné à
MM. de Montgolfier l'idée de la Machine
aéroftatique ; mais en rapprochant les paffages du livre de l'académicien de Rouen,
nous verrons bientôt que fa manière
de conftruire des globes , & de fe diriger dans l'air , n'a abfolument aucun rap-

---

» fimple théorie fur fa poffibilité , & je ne la propofe,
» cette théorie , que par manière de *récréation phyfique*
» *& géométrique* »,

port avec les procédés favans de MM.
de Montgolfier.

L'auteur du Roman, après avoir mis
plufieurs interlocuteurs en fcène, en fait
parler un qu'il nomme *Scintilla*, par
allufion à l'électricité, de la manière
fuivante :

« J'ai cru ne pas devoir différer un
» feul moment à vous faire part d'une
» découverte intéreffante. Depuis long-
» tems les hommes ont cherché par
» quelles loix méchaniques ils pourroient
» franchir les efpaces aëriens. Je fuis flatté
» de pouvoir vous offrir aujourd'hui la
» réuffite de mes recherches. La voici,
» dit-il : Deux efclaves ont porté mon
» appareil fur la plate-forme de notre
» tour ; rendons-nous y ». Douze fages
témoins de ce difcours fe rendent au lieu
indiqué , & l'un deux après avoir fa-
vamment differté fur la force & fur l'é-
cart des leviers , paffe à la defcription de
la Machine dans les termes fuivans. » Je
» vis deux Globes de verre de trois pieds

» de diamètre, montés au-deſſus d'un
» petit ſiége aſſez commode. Quatre
» montans de bois, couverts de lames de
» verre, ſoutenoient ces deux Globes.
» Dans l'intervalle de ces montans pa-
» roiſſoient quelques reſſorts que je ju-
» geai devoir donner le mouvement
» aux deux Globes. La pièce inférieure
» qui ſervoit de ſoutien & de baſe au
» ſiége, étoit un plateau enduit de cam-
» phre & couvert de feuilles d'or. Le
» tout étoit entouré de fil de métal.
» Auſſi-tôt que j'eus apperçu cette Ma-
» chine électrique d'une nouvelle forme,
» je devins incrédule ſur la réuſſite de
» Scintilla.
  » Scintilla, dont le corps étoit auſſi
» alerte que l'imagination, monte leſ-
» tement ſur ſa méchanique, & pouſ-
» ſant promptement une détente, nous
» vîmes les deux Globes tourner avec
» une rapidité prodigieuſe. Meſſieurs,
» dit-il, vous voyez que pour m'élever
» en l'air, mon principal moyen eſt

» d'annuller au deſſus de ma tête la
» preſſion de l'atmoſphère. Obſervez que
» la percuſſion de la lumière agit ac-
» tuellement au-deſſous de ma mécha-
» nique. C'eſt elle qui va m'enlever ſans
» beaucoup d'efforts, & maître du mou-
» vement de mes Globes, je deſcen-
» drai ou monterai en telle propor-
» tion qu'il me plaira. Vous voyez en-
» core.... Mais nous ne l'entendions
» plus, ſa Machine entourée tout à-
» coup d'un cercle lumineux, s'étoit
» enlevée avec la plus grande vîteſſe.
» Jamais ſpectacle ſi nouveau & ſi beau
» ne s'offrit à nos yeux. Nous le vîmes
» pendant quelque tems reſter immo-
» bile, puis redeſcendre, puis s'élever
» de nouveau. Enfin, nous le perdîmes
» de vue ». Chap. III, pag. 28 & ſuiv.

L'on voit clairement, par ce que je
viens de rapporter, qu'il n'eſt queſtion dans la Machine imaginaire & ro-
maneſque de M. de la Folie, ni d'invention ni de procédé qui ait pu éclairer

(xxviij)

les auteurs de la Machine aéroftatique.
Enfin, l'on a dit que M. Cavallo à
Londres, après avoir fait des bulles de
favon avec de l'air inflammable, avoit
conclu de leur extrême légèreté & de
leur tendance à s'enlever, qu'on pour
roit, en donnant à l'air inflammable
une enveloppe folide & imperméable,
faire foutenir des corps confidérables en
l'air ; mais nous allons voir encore par le
témoignage d'un des amis de M. *Cavallo*
lui-même, jufqu'à quel point ce phyficien a pouffé fes effais fur l'air inflammable. C'eft de M. Brouffonet, très-
habile naturalifte, & qui a vu opérer
M. Cavallo, que je tiens les détails que
je vais rapporter ici.

« En 1781, M. *Cavallo* avoit déjà fait
» élever des bulles d'eau de favon pleines
» d'air inflammable ; cette expérience lui
» avoit fait voir la poffibilité de faire
» élever des corps confidérables dans
» l'air. Il fit un fac oblong de trois à
» quatre pieds de largeur en papier très-

» fin ; mais il fut fort étonné de voir ,
» quand il voulut le remplir , que le gaz
» inflammable paſſoit au travers du pa-
» pier. Il eſſaya après cela de remplir
» du même gaz des veſſies de cochon ,
» qu'il ne put jamais parvenir à rendre
» aſſez légères. Les veſſies de poiſſon
» qu'il employa encore , furent dans le
» même cas. Il étoit pour lors perſuadé
» qu'il pourroit réuſſir en faiſant une
» bourſe avec l'eſpèce de peau dont
» ſe ſervent les batteurs d'or, collées les
» unes avec les autres ; mais je ne penſe
» pas qu'il ait jamais mis ce projet en
» exécution ; ainſi quoique perſuadé de
» la poſſibilité de faire enlever dans
» l'air des corps au moyen de l'air
» inflammable , il ne réuſſit qu'avec les
» bulles d'eau de ſavon (1). Quand bien

---

(1) L'idée d'employer la peau dont ſe ſervent les
batteurs d'or, s'étoit préſentée à M. Cavallo à Londres ;
mais l'on vient de voir qu'elle reſta ſans exécution.
M. Deſchamps, peintre, qui ne connoiſſoit certainement pas ce qu'avoit pu faire M. Cavallo, imagina, après

» même *MM. de Montgolfier* auroient eu

---

la découverte de M. de Montgolfier, de faire des Globes en papier, qui ne retinrent pas mieux l'air inflammable que ceux faits à Londres; il fe fervit enfuite de peau de *baudruche*, & fes Ballons s'enlevèrent. Quelques jours avant que M. Defchamps fît connoître la matière qu'il employoit, M. le marquis d'Arlandes, qui cultive avec fuccès plufieurs parties de la phyfique, s'étoit déjà muni de la même peau des batteurs d'or, pour faire de femblables Ballons, & il en fit exécuter plufieurs pour fon amufement, qui ne parurent à la vérité, qu'après ceux de M. Defchamps.

M. Têtu, jeune phyficien, en conftruifit auffi de très-élégans; M. Bayer & d'autres perfonnes fuivirent cet exemple.

Deux fiècles auparavant Jules-Céfar, Scaliger, differtant contre Cardan, au fujet de la colombe volante d'*Architas*, & donnant la manière dont il croyoit qu'on pouvoit exécuter une colombe pareille, propofe, comme un point effentiel, de faire ufage de la peau des batteurs d'or Ce qu'il a écrit à ce fujet, mérite de trouver place ici.

« Volanti columbæ maniculum, cujus auctorem Archi-
» tam tradunt, vel facillimè profiteri audeo. Naviculum
» fpontè mobilem ac fui remigii auctorem faciam nullo
» negotio. Eadem ratio cum volante avicula. Materia
» ex junci medula parabilis, *veficulis amicta aut pel-*
» *liculis cuibus auri bracteores, atque foliatores*
» (fic enim libet nunc) *utuntur*, nervulis obvoluta :
» ubi femi-circulus rotam impulerit, motum præftabit
» aliarum quibus alæ agitabuntur », &c. *Scaliger de fubtilitate ad Cardanum exercit*, 326.

» connoiſſance de ces expériences, ce
» qui ne paroît pas trop probable, on
» ne ſauroit en aucune manière leur diſ-
» puter le titre d'inventeurs, puiſque l'air
» qu'ils ont employé n'eſt pas le même, &
» que la Machine qu'ils ont faite eſt d'une
» nature entièrement différente de tout ce
» que M. Cavallo avoit eſſayé à ce ſujet ».

En voilà aſſez, je penſe, ſur cet objet;
il me reſte à dire un mot ſur l'Ouvrage
que je publie. Le peu de tems que j'ai
eu pour mettre en ordre mes obſervations, m'oblige de réclamer la plus grande
indulgence de la part des lecteurs.

J'ai cru que la meilleure manière de
faire connoître les expériences aéroſtatiques faites juſqu'à ce moment, étoit
de les décrire dans l'ordre & aux époques où elles ont eu lieu, en commençant par celle d'Annonay du 5 juin
1783, qui fixe la date de cette belle
découverte.

J'ai décrit les appareils dont on a
fait uſage pour ces diverſes expériences,

& je me fuis attaché à faire connoître ceux qui m'ont paru les plus avantageux pour développer les gaz ; ce qui m'a néceffairement mis dans le cas de parler de l'air inflammable, & de l'efpèce de vapeur dont MM. de Montgolfier rempliffent leur Machine.

Comme plufieurs perfonnes ont paru défirer connoître la manière la plus fimple & la plus commode pour conftruire des Globes de toute grandeur en taffetas ou en toile, & leur donner une forme fphérique exacte, je fuis entré dans quelques détails à ce fujet.

Le gaz inflammable, & l'efpèce de vapeur qui fait élever les Machines aéroftatiques de MM. de Montgolfier, étant les feules émanations connues jufqu'à ce jour, comme les plus propres à remplir cet objet, & comme celles à qui l'on doit donner la préférence, je fais quelques recherches fur cette matière.

Le peu de tems que j'ai eu & qui a prefque été fans ceffe interrompu par

celui

celui qu'il a fallu donner aux diverfes
expériences qui ont été faites, & que
j'ai été bien aife de fuivre avec attention, ne m'ayant permis que d'ébaucher
pour ainfi dire cet Ouvrage, j'ofe efpérer que les perfonnes qui le liront voudront bien avoir égard aux circonftances où je me fuis trouvé, & à l'empreffement que j'ai eu de me rendre au défir
qu'a témoigné le Public de jouir promptement des détails de tout ce qui a
été fait jufqu'à préfent relativement à ces
expériences.

Les lecteurs en feront dédommagés
par une lettre intéreffante, qui m'a été
adreffée par M. de Meufnier, officier
du Génie, dans laquelle on trouvera les plus favantes obfervations fur
le Ballon du Champ de Mars, depuis
l'inftant de fon afcenfion, jufqu'à celui
de fa chûte à *Ecouen* près de *Goneffe*.
Cette lettre renferme des détails inftruc-
tifs fur la pefanteur de l'air, & fur les

différentes couches de l'atmosphère.

J'ai cru devoir auffi faire imprimer une lettre qui m'a été adreffée par un anonyme. Les perfonnes que cette découverte intéreffe, y trouveront quelques vues fyftématiques fur le parti qu'on peut tirer des Machines aéroftatiques, & fur l'art de les diriger.

Enfin, j'ai accompagné ce livre de plufieurs planches, deffinées d'après nature avec une exactitude extrême, & qui donneront une idée précife des expériences qui ont été faites, & des Machines qu'on a employées.

Comme on fe propofe de faire inceffamment de nouvelles expériences à Paris, & qu'on a le projet d'en tenter une à Lyon, avec une Machine aéroftatique de cent pieds de diamètre, fous la direction de M. de Montgolfier l'aîné, je m'emprefferai de faire connoître, par un fupplément, le réfultat de ces diverfes expériences. D'un autre côté, deux acadé-

miciens de la fociété royale de Londres,
& des favans de Pétersbourg & de Flo-
rence , ayant bien voulu m'annoncer que
je ferois très-exactement inftruit de tout
ce qui fera fait à cette occafion dans ces
dernières villes, je me ferai un devoir de
publier en même-tems tout ce qui m'aura
été communiqué , au fujet de ces diverfes expériences.

TABLE

DES ARTICLES.

*

AVIS AU LECTEUR

Concernant les Planches.

L A précipitation avec laquelle cet ouvrage
a été imprimé pour répondre aux preffantes
follicitations du Public, a produit quelques
erreurs fur les renvois des *Planches*; mais
au moyen de l'explication fuivante, le lecteur
pourra facilement fe reconnoître, & corriger
lui - même les erreurs.

Ordre des Planches.

Les Planches I & II ont rapport à l'expérience faite au Champ-de-Mars, & leur explication eft à la fin de l'ouvrage.

La Planche I I I a rapport à la même expérience, & fon indication doit être à la
page 10.

La Planche I V a rapport à l'expérience faite
en préfence de MM. les Commiffaires de l'académie royale des fciences, & fon indication
doit être à la page 30.

La Planche V a rapport à l'expérience faite
à Verfailles, & fon indication doit être à la
page 45. Cette Planche étant plus ornée que

(xl)

les autres, eſt placéé à la tête de l'ouvrage.
Les Planches VI & VII ont rapport à la
lettre de M. Meuſnier. Au bas de la Planche VII ſont les Figures 5 & 6 qui ont rapport
à la méthode graphique pour couper les fu-
ſeaux d'un Globe, & leur indication doit être
à la page 295.

La Planche VIII a rapport à l'expérience
où des hommes ſe ſont élevés à la hauteur
de 324 pieds, & ſon indication doit être à
la page 269.

La Planche IX a rapport au diſcours préliminaire, & ſon indication doit être à la page
xij de ce Diſcours.

———————————

Le portrait de MM. de Montgolfier a été
deſſiné & gravé par M. Delaunay le jeune;
il ſe vend, à Paris, chez l'Auteur, & chez
Cuchet, Libraire, rue & hôtel Serpente, prix
1 liv. 4 ſols.

EXPÉRIENCE

EXPÉRIENCE

FAITE

A ANNONAY EN VIVARAIS,

LE 5 JUIN 1783,

PAR MM. DE MONTGOLFIER.

MESSIEURS Etienne & Joseph de Montgolfier, propriétaires d'une des belles manu-
factures de papier à Annonay en Vivarais,
nés avec le goût des connoissances utiles, &
doués d'un génie observateur, employoient
leur loisir à l'étude de la physique ; après avoir
médité long-tems sur l'ascension des vapeurs
dans l'atmosphère, où elles se réunissent pour
former des nuages qui, malgré leurs masses
& leur pesanteur, se soutiennent non-seulement à de grandes hauteurs, mais encore
flottent & voyagent au gré des vents, ils entre-

A

virent la poſſibilité d'imiter la Nature dans une de ſes plus grandes & de ſes plus majeſtueuſes opérations.

Ils conçurent dès - lors l'idee hardie de former, à l'aide d'une vaſte enveloppe & d'une vapeur légère, une eſpèce de nuage factice que la ſeule peſanteur de l'air atmoſphérique forceroit de s'élever juſqu'à la région où les orages & les tempêtes prennent naiſſance. L'idée ſeule de ce projet ſuppoſe néceſſairement du génie, ſon exécution du courage, & une tête organiſée de manière à trouver des reſſources pour parer à la multitude d'obſtacles qui devoient environner une entrepriſe de cette eſpèce.

Il y a loin ſans doute d'une expérience de cabinet, quelque délicate & quelque ingénieuſe qu'elle puiſſe être, à celle où il faut que l'homme combine des moyens pour imiter la Nature dans une opération qui n'avoit encore été tentée par perſonne; car tout ce qui avoit été fait juſqu'alors pour s'élever dans l'air, n'étant fondé que ſur de faux calculs, ou ſur des pratiques chimériques, n'avoit abouti qu'à jeter un ridicule mérité ſur ceux qui s'obſtinoient à prendre la route la plus oppoſée au véritable but.

Meſſieurs de Montgolfier, dirigés par de

meilleurs principes, après avoir profondément réfléchi fur le projet qui les occupoit, après s'être familiarifés avec cette grande idée, après avoir enfin réuni les moyens de fon exécution, osèrent faire leur premier eſſai dans une ville où toutes les reſſources de l'art fembloient leur manquer.

Le jeudi 5 Juin 1783, l'Affemblée des États particuliers de Vivarais fe trouvant à Annonay, fut invitee par les Auteurs de la Machine aéroſtatique à affifter à l'expérience qu'ils fe propofoient de faire en public.

Quelle fut la furprife des Députés, quelle fut celle des fpectateurs, lorfqu'on vit fur la place publique une efpèce de ballon de cent dix pieds de circonférence, retenu par fon pole inférieur fur un châffis en bois de feize pieds de furface ! Cette vaſte enveloppe & fon châffis pefoient cinq cens livres ; elle pouvoit contenir vingt - deux mille pieds cubes de vapeur. (1)

_____

(1) Voici la note qui m'a été communiquée par M. de Montgolfier le jeune :

La Machine aéroſtatique, dont l'expérience fut faite devant Meſſieurs des États particuliers de Vivarais, le jeudi 5 Juin 1783, étoit conſtruite en toile doublée de papier, coufue fur un réfeau de ficelle fixé aux toiles. Elle étoit à-peu-près de forme fphérique, & fa circon-

Quel fut l'étonnement général , lorfque les Inventeurs d'une telle Machine annoncèrent qu'auffitôt qu'elle feroit pleine d'un gaz qu'ils avoient le moyen de produire à volonté par le procédé le plus fimple , elle

férence étoit de cent dix pieds ; un châffis en bois de feize pieds en quarré, la tenoit fixée par le bas. Sa capacité étoit d'environ 22000 pieds cubes ; elle déplaçoit donc, en fuppofant la pefanteur moyenne de l'air, comme $\frac{1}{800}$ de la pefanteur de l'eau, une maffe d'air de 1980 livres.

La pefanteur du gaz étoit à-peu-près moitié de celle de l'air, car il pefoit 990 livres ; & la Machine pefoit avec le châffis 500 livres. Il reftoit donc 490 livres de rupture d'équilibre, ce qui s'eft trouvé conforme à l'expérience. Les différentes pièces de la Machine étoient affemblées par de fimples boutonnières arrêtées par des boutons ; deux hommes fuffirent pour la monter & pour la remplir de gaz, mais il en fallut huit pour la retenir, & qui ne l'abandonnèrent qu'au fignal donné : elle s'éleva par un mouvement accéléré, mais moins rapide fur la fin de fon afcenfion, jufqu'à la hauteur d'environ 1000 toifes. Un vent à peine fenfible vers la furface de la terre, la porta à 1200 toifes de diftance du point de fon départ. Elle refta dix minutes en l'air ; la déperdition du gaz par les boutonnières, par les trous d'aiguilles & autres imperfections de la Machine, ne lui permit pas d'y refter davantage. Le vent, au moment de l'expérience, étoit au midi, & il pleuvoit ; la Machine defcendit fi légèrement qu'elle ne brifa ni les ceps, ni les échalas de la vigne, fur lefquels elle fe repofa.

s'enlèveroit d'elle-même jufqu'aux nues ! Ji
faut convenir alors que, malgré la confiance
qu'on avoit aux lumières & à la fagefle de
Meffieurs de Montgolfier, cette expérience
paroiffoit fi incroyable à ceux qui alloient en
être les témoins, que les perfonnes les plus
inftruites, celles même qui etoient le plus
favorablement prévenues, doutoient prefque
fans balancer, de fon fuccès.

Enfin, Mefjieurs de Montgolfier mettent la
main à l'œuvre, ils procédent au développement des vapeurs qui devoient produire le
phénomène ; la Machine qui ne préfentoit
alors qu'une enveloppe de toile doublée en
papier, qu'une efpèce de fac gigantefque de
trente-cinq pieds de hauteur, déprimé, plein
de plis & vide d'air, fe gonfle, groffit à vue
d'œil, prend de la confiftance, adopte une
belle forme, fe tend dans tous les points,
fait effort pour s'enlever : des bras vigoureux
la retiennent, le fignal eft donné, elle part &
s'élance avec rapidité dans l'air, où le mouvement accéléré la porte en moins de dix minutes à mille toifes d'élévation.

Elle décrit alors une ligne horizontale de
fept mille deux cens pieds, & comme elle
perdoit confidérablement de fon **gaz**, elle
defcendit lentement à cette diftance, & elle

fe feroit fans doute foutenue bien plus long-
tems en l'air, fi l'on avoit eu la facilité de
porter dans fon exécution la folidité & l'exactitude qu'elle exigeoit ; mais le but étoit
rempli, & cette première tentative, couronnée
d'un auffi heureux fuccès, mérite à jamais à
Meffieurs de Montgolfier la gloire d'une des
plus étonnantes découvertes.

Pour peu qu'on veuille réfléchir fur les
difficultés fans nombre que préfentoit une
expérience auffi hardie, fur la critique amère
à laquelle elle expofoit fes Auteurs, fi elle
eût manqué par quelque accident, fur les
dépenfes qu'elle a entraînées, l'on ne peut
s'empêcher d'avoir la plus grande admiration
pour les Auteurs de la Machine aéroftatique.

EXPÉRIENCE

Faite à Paris au Champ de Mars, le 27 Août 1783, à cinq heures du soir, avec un Ballon de taffetas enduit de gomme élastique, plein d'air inflammable, tiré du fer.

Les détails de la belle expérience de Messieurs de Montgolfier ne furent pas plutôt connus à Paris, que les Amateurs de la physique s'occupèrent sans perdre un moment, du projet de la répéter. Le procès-verbal dressé par les Etats particuliers de Vivarais, ainsi que les lettres venues d'Annonay, ne faisoient pas mention de l'espèce de gaz qui avoit été employé; on savoit simplement que la vapeur dont ces Messieurs s'étoient servis, étoit une fois plus légère que l'air atmosphérique; les Physiciens n'eurent donc pas de peine à comprendre qu'il s'agissoit d'un gaz différent de l'air inflammable qui est dix fois plus léger que l'air ordinaire; & l'on conçut très-bien que ce n'étoit pas par ignorance que les Auteurs de la Machine n'avoient pas fait usage de l'air tiré du fer; car l'on fait qu'ils font versés dans la chimie & dans la physique; mais ils avoient

A iv

été arrêtés par les difficultés de fe procurer
quarante mille pieds cubes d'air inflammable
dans une ville deftituée de toute reffource,
à cet égard : leur procédé étoit d'ailleurs
beaucoup plus fimple & bien moins difpen-
dieux, mais il étoit encore inconnu. Il fallut
donc avoir recours à d'autres moyens.

La légèreté de l'air inflammable étoit faite
pour féduire ; mais comment ofer tenter une
expérience en grand dans ce genre ? dans quoi
retenir une vapeur auffi fubtile ? L'on ne fut
pas long-tems à fe décider ; le taffetas enduit
de gomme élaftique de M. Bernard, étoit
connu, il en exiftoit des magafins à Paris.
D'autres Artiftes qui avoient cherché à l'imiter,
vendoient des taffetas vernis au fuccin, à la
gomme copale, à l'encouftique, &c. Enfin
les moyens ne manquoient pas de ce côté-là.
L'on fe décida pour le taffetas enduit de
gomme élaftique ; & l'on borna le diamètre
de la Machine à douze pieds environ, tant
à caufe du prix de l'enveloppe, que de la
cherté de l'air inflammable, & des difficultés
qu'il y avoit à s'en procurer promptement
une grande quantité.

La chofe ainfi arrêtée, l'on ouvre une foufcription : le projet de cette expérience ayant
couru de bouche en bouche, chacun en eft

frappé, & tous s'empreffent de venir fe faire infcrire. Bientôt les noms les plus illuftres décorent
le tableau de cette *première foufcription natio-*
nale ; elle mérite ce nom, rien n'avoit été écrit,
rien n'avoit été annoncé dans aucun papier
public, & tout le monde accouroit en foule
pour contribuer à cette curieufe expérience.
Enfin le 23 Août, la Machine étant fabri-
quée, fa forme offrit celle d'un globe de
douze pieds deux pouces de diamètre ; l'exécution en parut belle & régulière ; l'on s'occupa du foin de fixer la fphère dans une efpèce
de harnois deftiné à la fufpendre ; là, elle fut
déprimée, & l'air atmofphérique étant entièrement forti, le robinet par où on le forçoit
de s'échapper fut promptement fermé : la
Machine, en cet état, ne reffembloit plus
qu'à une efpèce de fac plein de plis & vide d'air.
A huit heures du matin, l'on mit la main à
l'œuvre pour la remplir ; l'on y procéda
d'abord au moyen d'une grande boîte à tiroirs
doublés de plomb, furmontée d'un chapiteau
ou conduit fupérieur qui s'adaptoit au robinet
adhérent au Ballon ; les tiroirs furent garnis de
limaille de fer & d'acide vitriolique, affoibli
d'eau : en multipliant ainfi les furfaces, le but
étoit de fe procurer une quantité confidérable
d'air inflammable ; mais cette efpèce d'armoire

(10)

que je décrirai plus au long, fujette à mille
inconvéniens, & beaucoup trop compliquée,
fit perdre du tems & de l'air inflammable.
Enfin, las de manœuvrer prefqu'infructueufe-
ment ce mauvais appareil, il fallut y renoncer; il fut réformé à deux heures, & on y fubf-
titua un fimple tonneau placé verticalement,
dans lequel on jetoit, à l'aide d'une ouverture
pratiquée fur fon,difque fupérieur, une grande
quantité de limaille de fer & d'acide vitriolique; ce trou étoit rebouché fubitement, &
l'air inflammable fe dégageant alors par
grandes bouffées, paffoit par une feconde
ouverture placée à côté de la première, & qui
communiquoit d'abord à l'aide d'un tube de
fer-blanc, & enfuite d'un tuyau de cuir verni
à la gomme élaftique, avec le robinet adhe-
rent à l'orifice du Ballon.

Le gaz s'introduifant dans le tube, montoit
avec rapidité dans le Globe, & lorfque l'effervefcence ceffoit, le robinet étoit fermé; de
nouvelle limaille & de l'acide vitriolique
etoient jetés par le trou qu'on débouchoit;
le gaz fe dégageoit, le robinet s'ouvroit, &
l'air inflammable s'engouffroit dans le Ballon.
Voyez la Planche III, où cette manœuvre a
été deffinée d'après nature par M. Lawrens,
habile Peintre Suédois.

Quoique cette opération allât très - vite ,
parce qu'elle étoit fecondée par des Amateurs
pleins de zèle & d'intelligence , elle étoit
néanmoins encore fujette à quelques inconvéniens qui ne laifsèrent pas de donner des
inquiétudes : car l'acide vitriolique attaquant
la limaille de fer, produifoit un degré de
chaleur fi violent, qu'une partie de l'eau
mêlée à cet acide étoit promptement réduite
en vapeurs rendues caufliques par l'action du
gaz acide fulfureux qui fe dégageoit en même-
tems.

Les vapeurs élevées avec le gaz inflammable jufqu'au faîte intérieur de la Machine,
s'y condenfoient fubitement , & couloient
enfuite le long du taffetas qu'elles auroient
certainement corrodé fans la couche de
gomme élaflique.

Comme cette eau imprégnée d'acide fe
réunifloit dans le bas de la Machine où elle
formoit des efpèces de bourrelets, l'on étoit
obligé d'intervalle en intervalle de la faire
écouler par le robinet , en fecouant le
taffetas.

D'un autre côté, la chaleur qui partoit du
tonneau étoit fi confidérable qu'elle fe communiquoit au tube de cuir & de là à la Machine ;
le robinet en étoit fi échauffé qu'il étoit impof-

fible d'y tenir la main. L'on étoit donc obligé non-feulement de l'envelopper de linges mouillés, mais l'on étoit contraint, pour la confervation du Ballon, d'en arrofer fans cefle le taffetas avec de petites pompes qu'on dirigeoit contre fa partie inférieure, pour affoiblir la chaleur qui étoit fi forte, que fans cette précaution la Machine couroit le plus grand danger.

Ce premier effai fut très-pénible; mais le réfultat en parut fatisfaifant; puifqu'à neuf heures du foir le Ballon fut plein d'air au tiers. Quelques heures après tout fut détruit par trop de précaution; le robinet fut fermé avec foin; mais un des Artiftes ayant quelques inquiétudes à ce fujet, alla malheureufement l'ouvrir en comptant de le fermer.

Le lendemain 24 l'on arriva avec empreffement dès la pointe du jour, pour fe remettre à l'œuvre, & l'on ne fut pas peu furpris de trouver le Ballon très-gonflé & prefque plein, tandis que la veille il etoit à peine rempli au tiers.

L'on ne put rien concevoir d'abord à cette augmentation, & l'etonnement ne cefla que lorfqu'on fe fut apperçu que le robinet, qui avoit trois pouces de largeur, étoit ouvert. Il parut cependant affez extraordinaire que le

Ballon eût afpiré une fi grande quantité d'air atmofphérique. L'effai en fut fait fur-le-champ avec le piftolet de Volta, & il y eut explofion. La dofe d'air commun étoit donc en proportion avec l'air inflammable comme deux à un.

Cet accident ne laiffa pas que de décourager un peu, car l'on avoit eu de grandes peines la veille ; mais enfin l'expérience étoit annoncée, & il falloit faire voir du moins aux Soufcripteurs, que rien n'avoit été négligé. Ce qu'il y avoit de plus gênant encore, c'eft qu'il n'étoit pas poffible d'employer des gens de peine à manœuvrer la Machine ; car elle ne pouvoit être confiée qu'à des perfonnes intelligentes & adroites. Enfin, plufieurs Amateurs, portés de bonne volonté, vinrent fe joindre aux autres. Le zèle & l'émulation s'en mêlèrent, & l'efpérance ranima tout.

Il eft à propos d'obferver, avant de continuer l'hiftorique de ces détails, que quoiqu'un Ballon de 12 pieds 2 pouces de diamètre ne foit pas d'une capacité bien confidérable en apparence, il ne laiffoit pas que d'être d'un volume remarquable, lorfqu'il s'agiffoit de le remplir d'air inflammable ; & l'on en fera convaincu, lorfqu'on faura que, pour faire la quantité de gaz néceffaire, en y comprenant, à la vérité, ce qui s'étoit perdu la veille, & ce qu'il en falloit pour remplir de nouveau & entretenir le Ballon, l'on employa 1000 livres pefant de limaille de fer en poudre ou en copeaux, & 498 livres d'acide vitrio-lique à 46 degrés de concentration. Les perfonnes exercées dans l'art des expériences, comprendront très-bien que celle-ci ne devoit pas être fans difficultés, ni fans danger, puifqu'il s'agiffoit de manier une auffi grande quantité d'acide concentré, & de développer autant d'air inflammable, fi fétide & fi fatigant à refpirer.

Toute la journée du 24 fut employée à pro-duire de l'air inflammable, à rafraîchir le Ballon, & à le préferver d'accident ; mais les coopéra-teurs furent bien dédommagés de leurs peines, lorfqu'ils apperçurent qu'il tendoit à s'élevér avec effort, à fix heures du foir, quoiqu'il ne fût rempli qu'à demi. Le courage redoubla, l'en-thoufiafme s'en mêla ; l'on vit dès-lors le fuccès de l'expérience ; à fept heures, le Globe faifoit effort contre les liens qui le retenoient. L'on prit les precautions les plus fûres, pour qu'il n'arrivât aucun accident pendant la nuit ; le robinet fut foigneufement fermé, la clef fut emportée, & chacun fe retira content.

L'on juge que le lendemain 25, ce fut à

qui arriveroit le premier pour rendre vifite à
la Machine. Elle fut reconnue être dans le
meilleur état ; l'on y introduifit du gaz pour
réparer les pertes inévitables qui s'étoient
faites pendant la nuit, foit par des pores im-
perceptibles, foit par des trous d'aiguilles
que la gomme élaftique n'avoit pas entièrement bouchés. On la pefa à fix heures du
matin, après l'avoir débarraffée de fes at-
taches ; & quoiqu'elle ne fût pleine environ
qu'à demi, elle enlevoit vingt-une livres :
comme le jour fixé pour l'expérience publique
étoit indiqué au 27, on ne voulut pas la remplir davantage, crainte de la fatiguer. Pefée
de nouveau à neuf heures du foir, elle
n'enlevoit plus que dix-huit livres ; elle avoit
donc perdu dans quinze heures trois livres de
poids ; c'eft-à-dire, que l'équilibre en moins
étoit rompu de trois livres.

Le 26, le Globe fut vifité à la pointe du jour,
& fut trouvé en très-bon état ; il avoit perdu
de l'air inflammable à-peu-près dans les mêmes proportions que la veille. On fe remit au
travail pour augmenter le gaz ; & dès huit heures
du matin, on fortit le Ballon de fon harnois,
on l'attacha à de petites cordes, & on eut le
plaifir de le voir s'elever à plus de 100 pieds.

Une nombreufe populace accourut auffitôt

de toute part ; la Place des Victoires fut couverte de monde, & la surprise des personnes
qui n'etoient pas prévenues fut extrême, en
voyant dans les airs un corps de ce diamètre.
Mais le vent qui survint, pouvant le fatiguer,
on le retira pour le remettre à sa première
place, dans la cour où étoit son établisse-
ment ; & il eut ce jour - là une si grande
quantité de visites, qu'une garde du Guet
à pied & à cheval, établie à la porte, ne put
jamais retenir l'affluence du monde, & qu'il
fallut se déterminer à laisser les portes ou-
vertes pour satisfaire la curiosité & l'empres-
sement du Public.

Comme le Ballon devoit passer par la porte
cochère, on avoit eu l'attention de ne pas
achever de le remplir dans la journée ; ce
n'étoit certainement pas un petit embarras
que cette sortie de la cour. L'on avoit eu
d'abord le projet de le faire passer par-dessus
la maison, en le retenant avec une corde &
le laissant s'élever de lui-même, pour le retirer
ensuite par la Place des Victoires. Mais comme
cette opération devoit se faire pendant la nuit,
afin de n'être pas gêné par un Public toujours
importun, & qu'il étoit aussi difficile que
périlleux d'agir dans les ténèbres avec une
Machine de cette espèce, il fallut se déterminer

(17)

miner à la faire paffer par la porte cochère,
en la confiant à des mains habiles, qui devoient
la di iger avec prudence.

L'on expédia d'abord pour le Champ de
Mars l'attirail & tous les acceffoires néceffaires
à l'expérience ; à deux heures après minuit
le Ballon fut dégagé de fes liens ; des perfonnes intelligentes le tranfportèrent jufqu'à
la porte : & comme il n'étoit pas plein, on
eut la facilité de le comprimer & de lui faire
adopter une forme allongée, qui lui permit
d'arriver fur la Place des Victoires fans le
plus léger accident. Il fut dépofé fur un bran-
card prêt à le recevoir, & difpofé pour cet
objet. Les mêmes lifières qui le tenoient fufpendu dans la cour, le rendirent ftable, &
il entra en marche.

Rien de fi fingulier que de voir ce Ballon
ainfi porté, précédé de torches allumées,
entouré d'un cortège, & efcorté par un dé-
tachement du Guet à pied & à cheval. Cette
marche nocturne, la forme & la capacité du
corps qu'on portoit avec tant de pompe &
de précaution ; le filence qui régnoit, l'heure
indue, tout tendoit à répandre fur cette
opération une fingularité & un myftère véritablement faits pour en impofer à tous ceux
qui n'auroient pas été prévenus. Auffi les

B

Cochers de fiacres qui fe trouvèrent fur la route, en furent fi frappés, que leur premier mouvement fut d'arrêter leurs voitures , & de fe profterner humblement, chapeau bas , pendant tout le tems qu'on defiloit devant eux.

Enfin le Ballon arriva par les rues des *Petits-Champs*, de *Richelieu*, de *S. Nicaife*, par le *Caroufel*, le *Pont-Royal*, la rue de *Bourbon* & les *Invalides*, à l'Ecole Militaire, où il fut dépofé au milieu du Champ de Mars, dans une enceinte difpofée pour le recevoir. La courfe qu'il venoit de faire n'étoit pas petite, car la Carte de Paris donne 1700 toifes depuis la partie de la Place des Victoires d'où il partit, jufqu'au point où il arriva.

Les lifières qui l'enveloppoient fervirent à le retenir en place, au moyen de petites cordes fixées vers le méridien du globe, & qui furent arrêtées dans des anneaux de fer plantés en terre.

Dès l'inftant où le jour parut, l'on s'occupa à faire de l'air inflammable pour remplir le Ballon. L'activité qu'on mit dans ce travail, fut. telle, qu'à midi il étoit affez plein pour avoir une belle forme, & qu'il falloit peu de tems pour achever de le remplir ; mais l'on réfervoit au Public le refte de l'opération ,

pour lui donner une idée de la manière dont
on produifoit le gaz.

Le Champ de Mars étoit garni de troupes,
les avenues étoient gardées de tout côté ;
les ordres étoient donnes pour faciliter la
marche des voitures, & prévenir les accidens. A trois heures, l'on vit le Champ de
Mars fe couvrir de monde; les caroffés arri-
voient de toute part, & bientôt ils ne purent
aller qu'à la file. Les bords de la rivière ,
le chemin de Verfailles, l'amphithéâtre de
Paffy étoient garnis d'une foule immenfe de
Spectateurs. L'Hôtel de l'Ecole Militaire &
le Champ de Mars renfermoient la plus
fuperbe & la plus nombreufe affemblée.
A cinq heures, un coup de canon fut le fignal
qui annonça que l'expérience alloit commencer ; il fervit en même-tems d'avertiffement
pour les Savans places fur la terraffe du Garde-
Meuble de la Couronne, fur les tours de
Nôtre-Dame & à l'Ecole Militaire , & qui
devoient appliquer les inftrumens & les calculs
à leur obfervation. Le Globe, dépouillé des
liens qui le retenoient, s'éleva, à la grande
furprife des Spectateurs, avec une telle viteffe,
qu'il fut porté en deux minutes à 488 toifes
de hauteur ; là , il trouva un nuage obfcur
dans lequel il fe perdit ; un fecond coup de

canon annonça fa difparition, mais on le vit bientôt percer la nue, reparoître un inftant à une très - grande élévation, & s'éclipfer dans d'autres nuages.

La pluie violente qui furvint au moment où le Globe s'élevoit, ne l'empêcha pas de monter avec une extrême rapidité; & l'expérience eut le plus grand fuccès, elle étonna tout le monde. L'idée qu'un corps parti de terre, voyageoit dans l'efpace, avoit quelque chofe de fi admirable & de fi fublime, elle paroiffoit fi fort s'écarter des loix ordinaires, que tous les Spectateurs ne purent fe défendre d'une impreffion qui tenoit de l'enthoufiafme. La fatisfaction étoit fi grande, que les Dames, élégamment vêtues, les yeux dirigés fur le Globe, recevoient la pluie la plus forte & la plus abondante, fans fe déranger, s'occupant beaucoup plus alors de voir un fait auffi furprenant, que du foin de fe garantir de l'orage.

Le Globe avoit 12 pieds 2 pouces de diamètre; fa circonference exacte étoit donc de 38 pieds 3 pouces 8 lignes; fa capacité intérieure de 943 pieds 6 lignes cubes; le poids du taffetas & du robinet, de 25 livres; & la force d'afcenfion, lorfqu'il s'eft élevé, de 35 livres. *Voyez* les détails à ce fujet, dans la Lettre

de M. de Meufnier & dans celle qui la fuit.
L'on eut tort, dans cette expérience, d'introduire de l'air atmofphérique dans le Globe,
pour achever de le remplir & lui donner une
forme bien arrondie ; cet air ne pouvoit
qu'occafionner une preffion nuifible à l'enveloppe : mais on en eut un bien plus grand
encore d'y faire paffer trop d'air inflammable, ce qui augmenta de beaucoup le degré
de force expanfive. Cet air lui donnoit la facilité de réagir avec violence contre les parois
du Ballon, lorfqu'il feroit parvenu à une région où l'air atmofphérique feroit moins denfe.
Mais il n'eft pas étonnant que, dans une première expérience de cette nature, on n'ait pas
tout prevu ; l'on fait d'ailleurs qu'une circonftance qu'il eft inutile de rappeler ici, empêcha les perfonnes qui avoient prévu cette
faute, & qui avoient recommandé de l'éviter,
d'être entendues. Quoi qu'il en foit, le Ballon
ne fe foutint tout au plus que trois quarts-
d'heure en l'air, & tomba à cinq heures
trois quarts, à côté de la remife d'Ecouen,
ayant une ouverture fur fa partie fupérieure.
Il fut ramaffé par des Payfans de Goneffe,
qui le traînèrent à travers les champs pendant
un mille, & le mirent dans le plus mauvais
état. L'on compte environ cinq lieues du point

de fon départ à celui de fa chûte, c'eft-à-dire, du Champ de Mars, à Ecouen.

L'expérience n'en fut pas moins intéreſſante, & la première qui ait éte faite en ce genre. *MM. Robert*, Mécaniciens, avoient été chargés de conſtruire le Globe, & *M. Charles*, Profeſſeur de Phyſique, du ſoin de veiller à leurs travaux.

EXPÉRIENCES
AÉROSTATIQUES,
FAITES
AVEC DE PETITS BALLONS.

M. de Montgolfier le jeune étant arrivé à Paris quelque tems avant l'expérience du Champ de Mars, & ayant été invité par l'Académie Royale des Sciences à répéter celle d'Annonay, s'occupa à faire conſtruire une Machine de 70 pieds de hauteur, fur 40 de diametre. Il fallut du tems pour exécuter un Ballon de ce volume.

Dans cet intervalle, les Amateurs de la phyſique s'exercèrent à faire diverſes expériences en petit, d'après celle du Champ de Mars : car, quoique M. de Montgolfier fût bien éloigné ſans doute de faire un myſtère de fon procédé, il s'étoit réfervé de ne le déclarer qu'à la première expérience qu'il feroit lui-même ; & perfonne ne pouvoit défapprouver fa conduite à ce fujet.

L'on effaya d'abord de faire des Ballons en papier fin & léger; mais cette matière étant perméable à l'air inflammable, perfonne ne put réuffir à enlever des Ballons de cette efpèce. Il fallut donc chercher une matière moins poreufe & plus légère encore, s'il étoit poffible ; & l'on y réuffit.

Le Journal de Paris, du 11 Septembre, apprit au Public, que M. le baron de Beaumanoir, qui cultive avec autant de fuccès que de zèle les fciences & les beaux-arts, devoit faire partir un Ballon de 18 pouces de diamètre (1). A midi de ce même jour, il fit

_____

(1) Voici la lettre de M. le baron de Beaumanoir, telle qu'elle eft imprimée dans le Journal de Paris. « Meffieurs, je viens d'exécuter, aujourd'hui 10 Sep-
» tembre, un *minimum* de la Machine aéroftatique de
» MM. de Montgolfier, par l'enlèvement d'un Ballon
» d'un pied & demi de diamètre, & qui ne pefoit que
» cinq gros trois quarts ; il a déplacé un volume d'air
» de vingt-un gros, & s'eft élevé par conféquent avec
» une force de douze gros, en fuppofant l'air inflamma-
» ble à trois gros un quart. Je vous prie de me per-
» mettre de prendre date dans votre Journal pour une
» expérience que les Amateurs pourront venir voir au-

(24)

cette expérience en préfence d'une nombreufe affemblee, dans le jardin qui fait face à l'hôtel de Surgeres, *rue de la Ville-l'Evêque.* Comme M. de Beaumanoir vouloit répéter l'expérience le foir, il n'abandonna pas le Ballon qui s'éleva très-bien, mais qui fut retenu par un fil de foie qui ne lui permit guère de monter au-delà de 50 pieds. A cinq heures du foir du même jour, ce petit Globe fut rempli de nouvel air inflammable, & fut abandonné à lui-même. Les Spectateurs eurent le plaifir de le voir s'élever à une très-grande hauteur ; il difparut enfuite en prenant la route de Neuilly, & l'on affure qu'il fut retrouvé à plufieurs lieues par des Payfans.

Quoique cette expérience pût être regardée en rigueur comme un objet de pure curiofité, elle ne laiffa pas que d'intéreffer les perfonnes qui fe propofoient de faire des recherches pratiques fur les gaz. Celle ci nou donnoit un fait de plus & une application en petit, qui pouvoit fervir d'échelle & d'objet de comparaifon. Ce n'étoit pas abfolument le *mini-mum*, mais l'on étoit fur la voie de le trouver. Je fais, à la vérité, qu'en connoiffant le poids

» jourd'hui jeudi à l'hôtel de Surgeres, rue de la Ville-
» l'Evêque, à onze heures précifes du matin ».

J'ai l'honneur d'être, &c. Le Baron DE BEAUMANOIR.

des matières qu'on vouloit employer, le
calcul conduifoit au même but ; mais l'expérience frappe beaucoup plus que la théorie,
& elle fixe plus irrévocablement les idées.
D'ailleurs il falloit trouver la matière légère
qu'on vouloit employer; & fans cette expérience, on n'y feroit certainement jamais parvenu.
La matière qu'employa M. le baron de
Beaumanoir, étoit une fubfance animale,
connue dans l'art du Batteur d'or fous le nom
de *peau de baudruche*. C'eft entre des livrets
de cette peau, d'une légèreté & d'une fouplefſe
extrême, qu'on parvient à réduire l'or en
feuillets fi minces, qu'ils peuvent fe foutenir
& flotter affez long-tems dans l'air.

La *baudruche* n'eft que la pellicule intérieure qui tapiffe le gros boyau du bœuf : on
détache cette légère enveloppe, qu'on étend
toute fraîche fur des planches, pour avoir la
facilité d'enlever avec délicateffe les parties
graffes & filandreufes qui la rendroient inégale ; on la laiffe fécher en cet état, & on
lui donne d'autres préparations pour l'adoucir
& la rendre propre au genre d'emploi auquel
on la deftine.

Lorfque cette peau a paffé plufieurs fois
fous le marteau du Batteur d'or, l'on en fait
ufage pour les coupures, & elle produit le

même effet que le taffetas d'Angleterre ; c'eft-
à-dire, qu'elle intercepte très-bien l'action de
l'air : elle eft connue alors fous le nom de
peau divine.

M. Defchamps de Neufchâteau, peintre
demeurant dans la Cour du Commerce, eut
le premier l'idée d'employer cette matiere ;
il en porta des échantillons à M. le baron de
Beaumanoir, qui en reconnut l'avantage, &
exécuta fur-le-champ le premier Ballon fait
en ce genre (1). Le même Peintre en fit bientôt de plufieurs grandeurs ; & il parvint à leur
donner la forme fphérique ou ovale la plus
parfaite.

Peu de jours après, plufieurs perfonnes cher-
chèrent à imiter les Ballons de M. Defchamps,
& elles y parvinrent. M. Gardeux, fculpteur,
m'en apporta un de fept pouces de diamètre ;
je le fis enlever dans le Jardin du Palais Royal,
& il partit tres-bien.

----

(1) M. Cavallo, à Londres, ne pouvant pas faire
enlever des Ballons de papier, avoit eu en 1781 l'idée
d'employer la même matière que M. Defchamps, mais
il ne fit aucun effai à ce fujet. Croiroit-on que deux fiècles
auparavant, Jules-Céfar Scaliger propofoit, pour imiter la Colombe volante d'Architas, de faire ufage d'une
enveloppe de la même peau des Batteurs d'or ? *Scaliger
de fubtilitate ad Cardanum, exercit.* 326.

Enfin, M. Defchamps voulant renchérir fur ceux qui imitoient fes Ballons, en fit un de fix pouces de diamètre, de la plus jolie forme. Il voulut bien m'en faire le facrifice, & me pria de le mettre en expérience ; je le remplis d'air inflammable tiré du zinc par l'acide marin , en prefence de M. le chevalier de Lorimier, de M. Mogué de Querville, de M. le comte de Baruel & de plufieurs autres perfonnes qui fe trouvoient dans ce moment chez moi. Le petit Ballon s'éleva tres-bien, & alla fe fixer contre le plancher de mon appartement qui a douze pieds de hauteur. Il fe feroit élevé à perte de vue, fi j'avois voulu l'abandonner en plein air, mais j'étois bien-aife de le conferver pour d'autres expériences.

Si ce Ballon qui avoit douze pouces de diamètre de moins que celui de M. le baron de Beaumanoir, n'eft pas le *minimum*, il en eft certainement très-près ; car, fi l'on n'avoit pas pris les plus grandes précautions pour le remplir , il ne feroit certainement pas parti , cette matière prenant l'humidité de l'air, & fa force d'afcenfion n'étant que de dix grains (I).

_____

(I) Ce Ballon, fait avec un foin extrême, avoit fix

Bientot les Ballons aéroftatiques en peau
de baudruche devinrent à la mode, & il
ne fe paffa pas de jour que l on n'en enlevât
plufieurs, foit à la ville, foit à la campagne.
L'on en fit même de 30 pouces de diamètre.
Mais cette matière eft fort chère, & fujette
à divers inconvéniens ; car elle reçoit l'humidité, ce qui augmente fon poids ; & elle
ne retient pas long-tems l'air inflammable,
qui s'échappe bientôt par des pores invifibles
à l'œil, mais qui n'en exiftent pas moins dans
le tiffu d'une membrane auffi délicate.

---

pouces de diamètre ; il ne pefoit que . . . 36 grains.
 L'air atmofphérique qu'il déplaçoit étoit de 51
  Son folide étoit de 113 pouces $\frac{1}{7}$ cubes,
dont 1728 font le pied cube d'air atmofphérique
qui pèfe 780 grains environ.
 L'air inflammable tiré du zinc, étant $\frac{1}{10}$,
pefoit dans le Ballon 5
  Poids du Ballon. 36
  La force d'afcenfion étoit donc de 10

       Poids total, 51 grains.

 Mais fi l'on fait attention qu'il eft très-difficile de
remplir parfaitement un tel Ballon, qu'il en faut lier l'ouverture avec du fil, & qu'il fe perd toujours de l'air dans
cette manœuvre, l'on verra que la rupture d'équilibre
étoit bien légère ; ainfi un Ballon de cette efpèce eft
très-rapproché du véritable *minimum*.

EXPÉRIENCE

FAITE avec un Ballon de 70 pieds de hauteur fur 40 de diamètre , dans le jardin de M. Reveillon , rue de Montreuil, fauxbourg S. Antoine , le 12 Septembre 1783 , en préfence de Meffieurs les Commiffaires de l'Académie Royale des Sciences.

L A Machine aéroſtatique que M. de Montgolfier faiſoit exécuter au fauxbourg S. Antoine, étoit en toile de canevas, doublée tant en dedans qu'en dehors d'un fort papier.

Sa coupe géométrique étoit formée ;

1°. Par un priſme de 24 pieds de hauteur :

2°. Par une pyramide de 27 pieds ⅐ qui devoit couronner le priſme ;

3°. Par un cône tronqué,. de 18 pieds ⅐ , deſtiné à former la partie inférieure de la Machine.

Chacune de ces portions étoit compoſée de 24 bandes ou méridiens, réunis & couſus enſemble.

En cet état la Machine développée, pleine de gaz, & tendue dans tous les points, devoit

áffecter la forme d'un fpheroïde. La Planche IV,
deffinée d'après nature, en donne la figure
la plus exacte.

La Machine étoit peinte en bleu d'azur ,
& repréfentoit une efpèce de tente avec fon
pavillon, & fes ornemens en couleur d'or.
Sa longueur totale étoit de 70 pieds, & fon
poids de 1000 livres. L'air qu'elle déplaçoit
pouvoit être évalué à environ 4500 livres ;
& la vapeur dont elle devoit être remplie,
étant une fois plus légère que l'air commun ,
ne pefoit que 2250 livres : il y avoit donc
un excès de légèreté de 1250 livres ; la Machine pouvoit donc enlever un poids de
cette force.

L'approche de l'équinoxe ayant amené les
pluies d'automne, les opérations relatives à
cette expérience furent fans ceffe contrariées.
La Machine étoit d'un fi grand volume, qu'il
étoit impoffible de l'affembler & de la coudre
autre part qu'en plein air & dans le jardin
fpacieux où elle devoit être établie. C etoit
un très-grand embarras que de ployer chaque
foir une enveloppe fi lourde, & que les forts
papiers dont elle étoit couverte rendoient
caffante ; auffi falloit-il ordinairement au moins
vingt hommes pour la remuer, & ils étoient
obligés d'ufer d'adreffe & de précaution pour

ne rien détruire. Jamais machine n'a donné
autant d'inquiétude ni d'embarras.

Il eſt vrai que M. de Montgolfier n'auroit
pu trouver un lieu plus commode ni plus
agréable , & ſur - tout un ami plus obligeant
que M. Reveillon , propriétaire de la manu-
faâure royale de papiers peints , de la rue de
Montreuil. Les peines , le zèle & le deſinté-
reſſement qu'il n'a ceſſé de mettre dans tout
ce qui étoit relatif aux expériences de M. de
Montgolfier , lui ont fait un véritable honneur
dans l'eſprit de tous ceux qui en ont été
témoins. Les ſciences ſont ſi ſouvent contrariées , qu'on ne ſauroit trop avoir de recon-
noiſſance pour ceux qui s'empreſſent ainſi de
leur être utiles.

Cette Machine auroit pu ſans doute être
conſtruite d'une maniere plus ſolide & moins
ſujette à être endommagée, & M. de Montgolſier
en convenoit lui - même ; mais divers motifs
l'avoient déterminé à ne pas la faire autrement.
Le premier étoit relatif à l'expérience d'Annonay, où l'on avoit procédé avec une enveloppe ſemblable qui avoit parfaitement réuſſi ,
& il étoit de la prudence pour avoir les
mêmes reſultats , d'employer ſévérement la
même méthode. Il falloit d'ailleurs s'occuper
de la meilleure manière d'empêcher la vapeur

de fe diffiper ; & la double enveloppe de papier étoit alors ce qu'il y avoit de plus convenable pour cet objet.

Le fecond motif ne pouvoit que faire honneur à la délicateffe de M. de Montgolfier, car Meffieurs de l'Académie Royale des Sciences, mieux en état que perfonne d'appré-cier le mérite de cette découverte, & en ayant fenti toute l'importance, avoient offert de payer les frais de cette Machine fans les limiter, & cela fuffifoit pour que l'Auteur cherchât les moyens les plus économiques de diminuer la dépenfe.

Enfin le 11 du mois de Septembre, le tems paroiffant fe difpofer au beau, la Ma-chine étant entièrement finie, fut mife en place & difpofée pour faire les premières expériences. L'on en fit le foir même l'effai, l'on vit avec admiration cette belle Machine fe remplir en neuf minutes, fe redreffer fur elle-même, fe tendre dans tous les points, & prendre la plus belle forme. Huit hommes qui la retenoient, furent foulevés à plufieurs pieds, & elle fe feroit enlevée à une grande hauteur, fi on ne lui avoit. pas oppofé de nouvelles forces.

Meffieurs les Commiffaires de l'Académie des Sciences furent invités à affifter le lendemain,

main, à huit heures du matin, à l'expérience
qui leur étoit confacrée, & qui eût été répétée
plufieurs fois à leur volonté, fi le mauvais
tems n'avoit pas tout dérangé.

Le lendemain, vendredi 12 Septembre,
Meffieurs Cadet, l'abbé Boffut, Briffon,
Lavoifier & Defmareft, Commiffaires, etant
arrivés, l'on vit avec inquiétude que des nuages
épais fe difpofoient à couvrir l'horizon, &
qu'on étoit menacé d'orage. Cependant le
mauvais tems n'étoit pas decidé, il étoit poffible que tout fe pafsât fans pluie ; les préparatifs étoient faits. Une affemblée nombreufe & diftinguée, brûloit du defir de
voir cette belle expérience. L'on craignoit
d'ailleurs qu'en différant encore, l'expérience
fût rejetée trop loin ; tout l'appareil étoit en
état, il eût fallu du tems pour le démonter :
l'on fe décida donc à remplir le Ballon.

Cinquante livres de paille féche qu'on
alluma par paquets, & fur lefquelles on jeta
à diverfes reprifes une dizaine de livres de
laine hachée, produifirent en dix minutes une
vapeur fi expanfive & douée d'une telle force,
que la Machine, malgré fa pefanteur, quoique
déprimée & repliée fur elle-même, fe redreffa
graduellement & comme par ondulation : fon
volume & fa capacité étonnèrent les fpecta-

teurs ; & lorfqu'elle fe fut développée en entier, & qu'elle tendit à s'enlever, la furprife & l'admiration redoublèrent.

La Machine perdit terre, & fe foutint à plufieurs pieds avec une charge de cinq cens livres. Si l'on eût coupé dans ce moment les cordes qui la retenoient, elle alloit s'enlever à une très-grande hauteur. La pluie furvint· fubitement ; alors le vent fouffla avec impétuofité ; le plus fûr moyen de fauver la Machine, étoit de la laiffer partir (1). Mais, comme elle étoit deftinée à des expériences qui devoient avoir lieu à Verfailles, on voulut ne pas l'abandonner, & les efforts qu'on fit pour l'obliger à defcendre, joints à des coups de· vent furieux & à la pluie qui l'inondoit, la déchirèrent en plufieurs endroits. Comme l'orage redoubla, & fe foutint long-tems, il fut abfolument impoffible de la manœuvrer en cet état. Elle endura la pluie pendant plus de vingt-quatre heures ; les papiers fe décollèrent & tombèrent en lambeaux ; le canevas fut mis à découvert, & cette belle & fuperbe Machine, qui avoit

---

(1) C'étoit l'avis de M. Argant, citoyen de Genève, ami de MM. de Montgolfier, & favant phyficien, à qui l'on doit plufieurs découvertes importantes.

(35)

couté tant de foins, fut détruite en très-peu de tems.

Les Spectateurs, fenfibles à ce fâcheux événement, donnèrent à M. de Montgolfier les marques les plus flatteufes de l'intérêt qu'ils prenoient à fa découverte. Meffieurs les Commiffaires de l'Académie s'emprefsèrent de lui remettre fur-le-champ une atteflation, qui fait honneur à leur juftice & à leur maniere de voir (1).

_____

(1) Comme cette atteflation conflate l'afcenfion de la Machine avec les poids qu'elle portoit, & qu'elle prouve que l'expérience n'a été dérangée que par une force majeure, qui n'a diminué en rien le mérite de la découverte, j'ai cru devoir la configner ici :

« Meffieurs les Commiffaires de l'Académie Royale » des Sciences fe font tranfportés, aujourd'hui 12 Sep- » tembre le matin, dans la Manufacture de papiers peints » de M. Reveillon, rue de Montreuil, fauxbourg Saint- » Antoine, pour être témoins des effets de la Machine » aéroflatique de MM. de Montgolfier. Elle a été rem- » plie en grande partie de gaz, & elle a perdu terre, » chargée de quatre à cinq cens livres. Mais la pluie & » le vent qui avoient commencé pendant la nuit, & qui » ont été prefque continuels pendant toute la matinée, » n'ont pas permis de continuer l'expérience, & ont » d'ailleurs tellement fatigué la Machine, qu'elle a » befoin de réparations effentielles. M. de Montgolfier » eflime qu'il faut plufieurs jours pour la mettre en ben

C ij

EXPÉRIENCE

FAITE à Versailles, le 19 Septembre 1783, en présence du Roi & de la Famille Royale, par M. de Montgolfier, avec une Machine aéroslatique de 57 pieds de hauteur sur 41 de diamètre.

L E jour de l'expérience de Versailles étoit fixe au 19, mais la Machine qui devoit servir à la répéter, étoit absolument hors de service. M. de Montgolfier calcula les heures qui lui restoient ; ses amis se joignirent à lui (1), & le dimanche 14, on mit la main à un nouveau Ballon qu'on se détermina à construire entierement en bonne toile. Rien ne fut épargné, l'on travailla nuit & jour ; & le jeudi 18, la

---

» état, & qu'il est nécessaire d'attendre, pour opérer,
» un tems calme & serein. A Paris, à la Manufacture
» de M. Reveillon, ce 12 Septembre 1783. *Signé,*
» CADET, BOSSUT, BRISSON, LAVOISIER &
» DESMAREST ».

(1) Entr'autres, MM. Reveillon, Argand, Mogué de Querville, Quinquet, Lange, Meigner, &c.

Machine fut entièrement conftruite, peinte &
décorée : le foir même on en fit l'eſſai en
préfence de Meſſieurs les Commiſſaires de
l'Académie qu'on eut l'attention d'y inviter,
& elle réuſſit très-bien.

L'on avoit été obligé d'employer près d'un
mois pour conftruire la Machine de canevas
doublée en papier; celle en toile, en y tra-
vaillant avec un zele & une activité qui n'ont
pas d'exemple, fut terminée le cinquième
jour.

Le lendemain 19, elle fut établie dans la
grande cour du château de Verfailles, fur
un théâtre octogone qui correfpondoit à l'attirail & aux cordages tendus pour la manœuvrer.

Cette efpèce d'échafaud, recouvert & entouré de toiles de toute part, avoit dans le
milieu une ouverture de plus de quinze pieds
de diamètre, autour de laquelle on pouvoit
circuler au moyen d'une banquette deſtinée
à ceux qui faifoient le fervice de la Machine.
Une garde nombreufe décrivoit une double
enceinte autour de ce vaſte théâtre.

Le dôme de la Machine étoit déprimé, &
portoit horizontalement fur la grande ouverture de l'échafaud à laquelle il fervoit de voûte;
le refte des toiles étoit abattu, & fe replioit

circulairement fur les banquettes ; de forte
qu'en cet état, la Machine n'avoit aucune
efpèce d'apparence, & reffembloit à un amas
de toiles de couleur qu'on auroit entaffées
fans ordre : il en régnoit cependant un très-
grand dans la difpofition & la conduite de
tout cet appareil.

Le deffous de l'échafaud étoit confacré
pour les operations propres à produire la
vapeur. C'étoit fous la grande ouverture,
recouverte par le dôme de la Machine, que
devoit fe faire ce travail. Au milieu & à
terre étoit un réchaud de fer à claire voie,
de quatre pieds de hauteur, fur trois de
diamètre, fait pour recevoir les matières
combuftibles. Un entourage en forte toile,
peinte & de forme circulaire, adhérant à la
bafe du Ballon, & defcendant par le trou
jufques fur le pavé, pouvoit être confidéré
comme un vafte entonnoir, comme une efpèce
de cheminée deftinée à contenir les vapeurs,
& à les conduire dans l'intérieur de la Machine ; de forte que les perfonnes qui devoient
diriger le feu, fe trouvoient placées par ce
moyen fous le Ballon même ; elles avoient
à leur portée des provifions de paille & de laine
hachée pour produire la vapeur, ainfi qu'une
cage d'ofier avec un mouton, un coq & un

(39)

canard, & tous les autres agrets nécessaires pour l'expérience.

Je m'étends peut-être un peu trop sur ces détails ; mais ils sont trop instructifs pour être négligés. Ils démontrent d'ailleurs combien cette expérience exigeoit de soins & de combinaisons. Il est vrai que M. de Montgolfier trouva toutes les facilités & tous les moyens qu'il pouvoit desirer (1).

A dix heures du matin la route de Paris à Versailles étoit couverte de voitures ; l'on arrivoit en foule de toutes parts : & à midi les avenues, les cours du château, les fenêtres

_____

(1) M. le maréchal de Duras, gentilhomme de la Chambre, donna dans cette occasion des preuves de l'intérêt qu'il prenoit à cette découverte ; & le zèle qu'il voulut bien y mettre, lui attira l'hommage & la reconnoissance des savans & des gens de lettres.

Messieurs les Intendans des Menus se prêtèrent de leur côté à ce qui pouvoit dépendre d'eux, pour que M. de Montgolfier fût servi selon ses desirs.

M. d'Ormesson, contrôleur-général des finances, eut ce jour-là chez lui M. de Montgolfier & la plupart des membres de l'Académie des Sciences.

Enfin, M. le marquis de Cubières, écuyer du Roi, qui cultive d'une manière si distinguée les sciences & les beaux-arts, & qui a formé à Versailles un cabinet d'histoire naturelle & de physique si intéressant, ne resta pas en arrière pour prouver qu'il savoit apprécier une découverte de cet ordre.

C iv

& même les combles, étoient garnis de
fpectateurs. Tout ce qu'il y a de plus grand,
de plus illuftre & de plus favant dans la nation,
fembloit s'être réuni comme de concert pour
rendre un hommage folemnel aux fciences,
fous les yeux d'une Cour augufte qui les pro-
tége & les encourage.

Ce fut dans ce moment & au milieu de ce
concours immenfe de citoyens de tout état,
que leurs Majeftés & la Famille Royale dai-
gnèrent fe tranfporter dans l'enceinte, &
voulurent bien pénétrer jufques fous la Machine même pour en examiner les détails &
fe faire rendre un compte exact de tous les
préparatifs de cette belle expérience.

A une heure moins quatre minutes, le
bruit d'une boîte annonce qu'on va remplir la Machine ; on la voit prefque auffitôt
s'élever, fe gonfler & déployer avec rapidité
les plis & replis dont elle eft compofée ;
elle fe développe en entier, fa forme plaît à
l'œil, fa capacité impofante étonne : elle
atteint déjà jufqu'au plus haut des mâts. Une
autre boîte avertit qu'elle eft prête à partir,
& à la troifième décharge les cordes font cou-
pées, & la Machine s'élève pompeufement dans
l'air, entraînant avec elle l'attirail dans lequel
étoient renfermés un mouton & des volatiles

La Machine s'éleva d'abord à une grande hauteur , en décrivant une ligne inclinée à l'horizon que le vent de fud la força de prendre ; elle parut refter enfuite quelques fecondes en ftation , & produifit alors le plus bel effet. Enfin elle defcendit lentement dans le bois de Vaucreffon , à 1700 toifes du point d'où elle avoit été enlevée.

L'on ne refta que onze minutes pour la remplir , & elle fe foutint huit minutes en l'air.

Dans l'expérience d'Annonay, la Machine dont MM. de Montgolfier firent ufage , s'éleva à une plus grande hauteur , puifqu'elle parvint au moins-à mille toifes ; cependant elle n'étoit pas à beaucoup près d'une conftruction auffi régulière : il y eut donc une caufe qui s'oppofa à l'afcenfion de celle-ci. Elle offrit à la vérité un superbe fpectacle , mais elle ne parvint qu'à 240 toifes de hauteur.

Cette caufe qui ne fut connue que de quelques perfonnes placees tres-près de la Machine, ne fut pas ignorée de ceux qui la manœuvroient. Le coup de vent qui frappa fur le Ballon, dans le moment ou il prefentoit à l'air une fi vafte furface , obligea tous ceux qui étoient chargés d'en faire le fervice, de le retenir avec effort ; cette force jointe à

celle du vent & à la tendance qu'avoit la
Machine à s'enlever, occasionnerent deux déchirures de sept pieds d'ouverture sur son
sommet & dans la partie où les toiles avoient
été cousues dans un mauvais sens. Il n'étoit
plus tems de parer à cet accident, dans une expérience qui ne pouvoit souffrir aucun retard :
l'on eut attention de développer seulement
alors une plus grande masse de vapeur, & la
Machine n'en partit pas moins avec rapidité,
sans être dérangée en rien par le poids qu'elle
entraînoit.

Les deux ouvertures supérieures occasion-
nant l'évaporation du gaz, la force d'ascension
dut nécessairement s'affoiblir par le mélange
de l'air atmosphérique ; il en résulta pendant
quelques momens un équilibre parfait, & la
Machine qui ne montoit ni ne descendoit alors,
fut très-belle à voir, & fit, dans cet état de
station, le plus grand plaisir aux spectateurs ;
mais à mesure que la vapeur se dissipoit, le Ballon descendoit lentement du côté du bois de
Vaucresson, & d'une manière si tranquille, que
l'on comprit alors que, si elle eût porté des
hommes, ils n'auroient couru aucun danger.

Je me rendis presque aussitôt sur les lieux,
avec M. l'abbé d'Espagnac, M. le chevalier
de Lorimier, M. Brongniart, &c. M. Pilatre

de Rofier nous précédoit de quelques pas. Nous vîmes le Ballon fur la partie du bois de *Vaucreffon* nommée le *Carrefour-maréchal*, où il étoit développé fur la pelouze ; un feul de fes côtés portoit fur un petit chêne dont il faifoit à peine ployer les branches. Deux Gardes-chaffe, qui fe trouvèrent à dix pas du lieu où il étoit tombé, nous affurèrent qu'il étoit defcendu avec une lenteur furprenante, en fe repliant doucement fur lui-même, & nous dirent, qu'un inflant avant que le Ballon eût touché terre, il paffa au-deffus d'une grande meule de bois, qu'ils nous firent voir ; & que comme la corde qui tenoit la cage fufpendue étoit très-longue, elle toucha contre les bois & fe rompit, fans que la cage, le mouton & les autres animaux en éprouvaffent le moindre dérangement. Il faut donc abfolument rejetter le récit qui annonça que le coq s'étoit rompu la tête ; nous le trouvâmes en bon état, & s'il avoit le deffus de l'aîle droite écorché, cet accident n'étoit dû qu'à un coup de pied du mouton, & étoit arrivé en préfence de plus de dix témoins, au moins demi-heure avant l'expérience.

Il eft fàcheux de voir les papiers publics annoncer ainfi des faits fans preuve, & qui

(44)

dans des cas pareils devroient etre toujours
garantis par la fignature de ceux qui les en-
voient. L'on a auffi affuré dans plufieurs gazettes
& journaux, que la Machine de M. de Montgolfier avoit été remplie avec de l'air inflammable, tandis que les procédés qu'on a employés, ont confifté fimplement à faire ufage de
paille féche allumée, & de quelques livres de
laine hachée. Je parlerai plus particulièrement
de cette vapeur.

Tout ce qui a été dit jufqu'à préfent fur
le point de fon élévation, & fur l'efpace
qu'elle a parcouru, n'eft pas plus exact. La
vraie diftance felon la carte de l'Académie, du
point du départ au bois de *Vaucreffon*, *carre-*
four-maréchal, eft de 1700 toifes. Quant à la
hauteur, deux habiles Aftronomes s'en font
occupés, en fe plaçant à l'Obfervatoire de
Paris. M. le Gentil a fixé cette hauteur à 280 toifes au-deffus du fecond étage de l'Obfervatoire
royal; & M. Jeaurat, à 293 au-deffus du rez-
de-chauffée du même Obfervatoire (1)

_____

(1) Voici la lettre que M. le Gentil adreffe à ce
fujet aux Auteurs du Journal de Paris.

A l'Obfervatoire, ce famedi matin 20 Septembre 1783.

« Monsieur, je fuis refté hier à l'Obfervatoire
» royal, d'où j'ai obfervé le Ballon fort à mon aife, à

(45)

La Planche III, deſſinée d'après nature,
avec autant d'eſprit que de vérité, par M.
le chevalier de Lorimier, chevau - léger, &

» mon quart de cercle de 3 pieds de rayon, le même
» dont je me ſers pour toutes mes obſervations aſtrono-
» miques. Je l'avois mis dans la tour occidentale au
» ſecond étage ; je plaçai la lunette de cet inſtrument
» dans un azimut de 87 degrés, au ſud du clocher du
» Mont-Valérien. J'ai apperçu le Ballon s'élevant au-
» deſſus de l'horizon, d'abord à la vue, enſuite dans la
» lunette, & conſéquemment au point de l'horizon où
» je l'attendois.

» Il s'eſt élevé aſſez vite, car du moment où j'ai com-
» mencé à le voir, à celui où il m'a paru ceſſer de
» monter, il ne s'eſt écoulé que 2' 20" à ma montre :
» il eſt reſté un peu de tems ; du moins à mon égard, ſans
» monter ni deſcendre. Or, j'ai trouvé la hauteur de
» ſon bord d'en haut de 1ᵈ 55' 35".

» Lorſque le Ballon a diſparu ſous l'horizon par rap-
» port à moi, la lunette de mon quart de cercle répon-
» doit à un azimut qui faiſoit un angle de 25 degrés un
» quart avec le clocher du Mont-Valérien, à l'oueſt de
» ce clocher.

» D'après ces obſervations, je conclus que le Ballon
» ne s'eſt pas élevé à plus de 280 toiſes au-deſſus du
» ſecond étage de l'Obſervatoire royal ; mais comme le
» côté de Verſailles eſt élevé d'une quantité que je
» ſuppoſe être d'environ 40 toiſes au-deſſus du ſecond
» étage de l'Obſervatoire, car je ne vois point Verſailles,
» mais la côte de ce côté me paroît élevée de 0ᵈ 23 '
» au-deſſus de l'horizon, il s'enſuit que le Ballon n'a pas

gravée par M. de Launay, repréſente le moment où le Ballon plein d'air s'élève.

Sa hauteur exacte d'une extrémité à l'autre
étoit de . . . . 57 pieds.
Son diamètre de 41
Il pouvoit contenir . . . . . . 37500 pieds cub.
L'air déplacé peſoit . . . . . . 3192 livres,

» monté plus haut que de 240 toiſes au-deſſus du terrein
» ou de la côte de Verſailles.

» J'ai l'honneur d'être, &c. le Gentil, de l'Aca-
» démie Royale des Sciences ».

» Le 19 Septembre, jour où l'expérience a été faite à
» Verſailles, M. Jeaurat étoit placé ſur la plate-forme
» de l'Obſervatoire, préciſément au-deſſus de M. le Gentil,
» qui obſervoit en ſon particulier. Selon M. Jeaurat, le
» Globe avoit une direction qui formoit avec la méri-
» dienne, vers le couchant, un angle de 87ᵈ 20'.
» L'angle au-deſſus de l'horizon étoit de 1ᵈ 55' 55",
» d'où la hauteur a été conclue de 293 toiſes au-deſſus
» du rez-de-chauſſée de l'Obſervatoire ; d'ailleurs le
» diamètre apparent étoit d'environ 6', ce qui indique
» que le Globe s'étoit approché de l'Obſervatoire. On
» peut donc préſumer que la diſtance du Globe à l'Obſer-
» vatoire étoit moindre que celle de Verſailles à l'Obſer-
» vatoire, ſans compter qu'il conviendroit de tenir compte
» de la différence des niveaux des deux différens lieux ;
» mais les rectifications qui ne peuvent ſe faire moyennant
» une diſcuſſion, ſemblent ſuperflues pour une détermi-
» nation de cette eſpèce, où il importe peu de mettre
» une plus grande préciſion ».

Extrait de la Lettre de M. Jeaurat.

en fuppofant le poids de l'air de 784 grains le
pied cube. Mais le gaz de M. de Montgolfier
étant d'une pefanteur moindre de moitié que
celle de l'air atmofphérique, fon poids étoit de
1596 livres ; l'équilibre étoit donc rompu de
1596 livres, fur quoi il faut déduire le poids
du Ballon, celui de la cage & du mouton,
&c. 900 livres. Il reftoit donc net une force
de 696 livres qui auroit pu encore être enlevée. Cette belle Machine, en toile de fil &
de coton, étoit peinte en dehors & en dedans
à la détrempe ; l'on avoit mêlé dans la couleur
de l'intérieur de la terre d'alun, comme très-
propre à réfifter à la plus forte chaleur.

Quatre-vingts livres de paille & cinq livres
de laine hachée fuffirent pour produire les
37500 pieds cubes de vapeur ; & fans les
deux déchirures de la partie fupérieure, il n'eût
fallu que cinquante livres de paille, ainfi qu'on
l'avoit éprouvé la veille.

M. de Montgolfier, qui avoit eu l'honneur
de préfenter au Roi, avant l'expérience, une
note par laquelle il annonçoit que la Machine
fe foutiendroit environ 20 minutes en l'air,
& qu'elle parcourroit un efpace d'environ
2000 toifes, s'étoit mis par-là à l'abri de toute
critique. Un accident qu'il étoit impoffible de
prevoir, fur-tout lorfqu'on voudra faire

attention qu'elle avoit été conftruite dans
quatre jours & quatre nuits, l'empêcha
d'avoir fon effet en entier ; mais elle refta
cependant huit minutes en l'air, & parcourut
un efpace de 1700 toifes. Les applaudiffemens
& l'accueil honorable que recut à ce fujet M.
de Montgolfier, fuffifent pour démontrer que
cette belle expérience caufa autant d'étonnement que de fatisfaction. Et fi l'envie s'attache
ordinairement à tout ce qui porte l'empreinte
du génie, elle ne fe manifefta dans cette occafion que dans deux ou trois individus obf-
curs, qui furent corrigés par le ridicule qu'ils
s'étoient fi juftement attiré,

LETTRE

LETTRE

A M. FAUJAS DE SAINT-FOND,

PAR M. MEUSNIER,

Officier au Corps - Royal du Génie.

Vous m'avez demandé, Monfieur, le réfultat
des obfervations comparées dont j'eus l'honneur de vous communiquer le projet & le
difpofitif, le 26 du mois d'Août dernier, &
qui devoient fervir à connoître la loi que
fuivroit dans fon afcenfion la Machine aéroftatique, préparée pour l'expérience qui fut
faite le lendemain au Champ de Mars. Ces
obfervations n'étoient point deftinées à remplir uniquement un objet de curiofité, en ap-
prenant jufqu'à quelle hauteur le Ballon feroit
parvenu ; un but plus utile m'en avoit fuggéré
l'idée, que probablement je n'ai pas eue feul :
& en envifageant un mobile volumineux,
tranfporté dans l'air à une hauteur confidérable, & foumis dans fa marche à l'action com-
binée de deux forces contraires, dont l'une
varie continuellement comme la denfité des
différentes couches de l'atmofphère, tandis
que l'autre dépend encore des loix de la

D

réfiftance de l'air, je conçus que cette expérience offroit un moyen auffi direct que nouveau d'éclaircir à-la-fois deux théories dont
on connoît toute l'importançe, & dont l'une,
appuyée prefqu'uniquement fur des confidérations abftraites, n'a reçu jufqu'ici qu'un bien
foible fecours de la part des faits. Il falloit
pour cela déterminer avec précifion, & pour
des inftans connus, plufieurs lieux du Ballon
dans la route qu'il a décrite, & tel étoit l'objet
du plan d'obfervations que vous adoptâtes
avec empreffement. Trois Obfervateurs au
moins, placés dans des poftes différens, &
munis chacun d'un quart de cercle & d'une
pendule à fecondes, devoient mefurer fréquemment la hauteur apparente du Ballon ;
un fignal inftantané, vifible à-la-fois de tous
les Obfervateurs, & donné quelques momens
avant l'expérience, devoit fervir à connoître,
avec la plus grande rigueur, la marche ref-
pective des pendules, entre lefquelles une
très-légère difference, fi elle eût été inconnue,
auroit produit des erreurs d'autant plus confidérables, que le Globe s'eft élevé avec plus
de rapidité ; &, pour preparer l'attention à ce
fignal fugitif & indifpenfable, le bruit du
canon devoit précéder encore davantage l'inftant où on abandonneroit la Machine à elle-

même : quelques minutes étoient néceffaires
pour ces préparations fucceffives. Avec ces
précautions, fi elles euffent pu être réalifées,
l'on auroit eu pour chaque pofte une fuite
d'obfervations faites à des inftans bien déterminés ; & les trois fuites réunies, changées
par des corrections très-faciles, en trois autres
dont les termes correfpondans fuffent fimul-
tanés, auroient donné autant de points de la
route du Globe afcendant, qu'on auroit eu
d'obfervations dans chacune des fuites corri-
gées. Si fur-tout le tems eût permis de le
fuivre des yeux, jufqu'à ce que parvenu au
point de fa plus grande élévation, il parut enfuite emporté lentement, comme les nuages,
fuivant la direction du vent ; les obfervations
multipliées en raifon de la durée du fpectacle,
auroient fourni l'itinéraire complet du départ
de cette fingulière Machine, & la mefure des
caufes qui influoient fur fon mouvement.

Tel étoit, Monfieur, le but que je me
propofois, & pour lequel il auroit fallu faire
de longue main les préparatifs néceffaires :
je trouvai cependant tant de complaifance
& d'activité dans M. d'Agelet, profeffeur de
mathématiques à l'Ecole Royale Militaire, &
aftronome diftingué ; il mit une telle promptitude à réunir les inftrumens & les Obferva-

D ij

teurs néceſſaires, parmi leſquels deux Aſtro-
nomes très-celèbres voulurent bien ſe ranger,
que, prévenu à onze heures ſeulement le jour
même de l'expérience, il n'en réuſſit pas
moins à tout diſpoſer, & chacun étoit à ſon
poſte bien avant l'heure marquée pour le
départ du Ballon. M. le Gentil, de l'Académie
Royale des Sciences, obſervoit de deſſus la
plate-forme de l'Obſervatoire ; M. Jeaurat de
la même Académie, ſe tranſporta ſur le comble du Garde-Meuble de la Place Louis XV,
& M. Prevoſt, deſtiné d'abord pour Paſſy,
fut déterminé par des circonſtances particulières a s'établir ſur une des tours de Notre-
Dame. Enfin, M. d'Agelet, placé au dôme
de l'Ecole Militaire, s'etoit chargé de faire
les ſignaux néceſſaires, & devoit obſerver de
ſon côté.

Mais le tems ayant manqué pour concerter
à loiſir & par écrit, l'eſpèce & l'ordre des
ſignaux qu'il ſeroit bon de multiplier en pareil
cas ; les choſes néceſſaires à l'exécution de
ceux dont M. d'Agelet étoit convenu verba-
lement avec ſes coopérateurs, n'ayant pu être
diſpoſées qu'au moment, & d'une manière très-
imparfaite ; la précipitation enfin, aſſez naturelle, & encore augmentée par l'impatience
du Public, ayant beaucoup trop hâté le mo-

(53)

ment où la Machine fut abandonnée ; toutes
ces caufes réunies ont fait que la partie des
fignaux, d'où dépendoit principalement le fruit
de ce travail, a été abfolument manquée. Le
pavillon dont l'apparition devoit précéder l'é-
lévation du Globe, pour rapporter toutes les
pendules à une même époque, ne fut montré
qu'après le départ du Ballon, c'eft-à-dire, dans
un moment où l'attention des Obfervateurs fe
portoit néceffairement fur l'objet le plus intéreffant ; auffi, ce diminutif de pavillon, qu'un
des affiftans de M. d'Agelet, portoit dans fa
poche l'inftant d'avant, fut-il à peine remarqué
par un feul, & trop tard pour qu'il en dût
rien conclure : le bruit du canon parvint auffi
trop tard à quelques-uns des points d'obfervations, puifque M. Prevoft ne l'entendit qu'au
moment de la difparition du Globe ; & les
nuages dérobèrent d'ailleurs fi promptement
celui-ci à la vue, qu'on n'auroit pu avoir
qu'une bien petite portion de fa courfe.

Tout s'eft donc oppofe aux refultats intéreffans qu'on auroit pu tirer de l'expérience
du 27 Août dernier, & il eft bien à defirer
qu'elle ferve, à tous égards, d'inftruction pour
une pareille épreuve, fi l'on peut efpérer de la
voir encore répéter ; mais comme, pour remplir
l'objet que je viens de vous rappeler en détail,

D iij

il faudroit encore le facrifice d'une Machine
aéroftatique, & que des vues plus étendues
aujourd'hui tourneront probablement d'un
autre côté toutes les recherches expérimentales
que l'on fera dans le même genre, j'ai tâché
du moins de conclure, des obfervations du
27 Août, le peu qu'elles peuvent nous apprendre; & je crois avoir réufli, à l'aide de
plufieurs confidérations, à en tirer une des pofitions du Ballon, d'une manière affez précife
pour avoir lieu de faire au moins une comparaifon de ce réfultat, avec celui que donne la
théorie pure. C'eft fur quoi je vais entrer dans
le détail néceffaire.

Cherchant toujours, au défaut des fignaux,
à lier les différentes obfervations par quelque
remarque qui pût établir entr'elles une cor-
refpondance de tems , je m'étois figuré
d'abord que l'occultation du Globe dans l'é-
paiffeur du nuage pourroit être, à cet égard,
de quelque utilité : mais je me fuis bientôt rappelé que cette difparition ayant eu lieu graduellement, ne pouvoit avoir été, pour les différens
Obfervateurs, un phénomène fimultané, &
que la configuration inconnue du nuage, d'où
tomboit encore une pluie abondante, devoit
naturellement avoir dérobé le Ballon à leur
vue, plus ou moins promptement, fuivant leur

éloignement & leur poſition. Cette réflexion
m'a contraint d'abandonner les obſervations
faites aux tours de Notre-Dame & à l'Obſervatoire , ſur leſquelles je n'avois d'autre ren-
ſeignement, que cette occultation dans les
nuages. Je dirai ſeulement que l'angle de hauteur obſervé par M. le Gentil, quand il a
perdu le Globe de vue, étoit de quatorze
degrés trois minutes, & qu'alors il lui paroiſſoit, à-peu-près, dans le vertical du dôme des
Invalides , peut-être même un peu à l'oueſt.
M. Prevoſt a obſervé en même-tems quinze
degrés.

Mais M. Jeaurat ayant été à portée d'en-
tendre diſtinctement le canon, & ayant heu-
reuſement pris note de cet inſtant, il ne faut
que calculer le tems employé par le ſon à
parcourir la diſtance de l'Ecole Militaire au
Garde - Meuble, pour avoir, entre ſes obſervations & celles de M. d'Agelet, la cor-
reſpondance néceſſaire. Voilà donc enfin un
moyen de comparer deux obſervations , &
quoique la troiſième nous manque, vous verrez
que le ſoin qu'a pris M. d'Agelet, de tenir
quelquefois compte des poſitions que prenoit le
plan vertical du Ballon , en obſervant ſon mouvement azimutal, peut ſuppléer à ce défaut, &
vous rendrez ſûrement hommage à la promp-

D iv

titude extrême avec laquelle cet Aftronome a
fu accumuler les obfervations dans un fi court
efpace de tems , malgré la rapidité du mobile
qu'il avoit à fuivre , & que le voifinage rendoit encore plus fenfible. Je vais tranfcrire ici
les deux journaux d'obfervations , tels que M.
d'Agelet a eu la bonté de me les envoyer.

Observations faites par M. D'AGELET, au dôme de l'Ecole Militaire.

Tems marqué par le Compteur.			Angles de hauteur du Ballon.		Angles de déclinaison du Ballón vers le N. E. à compter depuis son départ.
5^h 1^m			1er coup de canon.		
5^h 1^m 5^f			2e coup de canon.		
5^h 2^m			Le Ballon est déjà à la hauteur du dôme.	0 0	6 à 7^d
5^h 2^m 52^f			....	53^d 40'	20^d
5^h 4^m			....	59^d 40'	30^d
5^h 4^m 53^f			Grande pluie.	53^d 37'	
			10 secondes environ après cette observation, le Ballon disparoît tout - à - fait dans les nuages.		
5^h 7^m			Le Ballon reparoît un instant.	33^d	67^d 15'

Observations faites par M. JEAURAT, de l'Académie Royale des Sciences, sur le comble du Garde-Meuble de la place Louis XV.

Tems marqué par le Compteur.		Hauteur apparente du Ballon.
5^h 0^m 20^f	On entend le premier coup de canon.	
5^h 2^m 0^f	On voit le Ballon venant rapidement & déclinant vers la droite.	
5^h 4^m 20^f	Le Ballon difparoît.	28^d 40'
	La pluie empêche totalement d'obferver.	

Le vent qui souffloit alors étoit dans la
partie du sud-ouest, & portoit le son à très-
peu près directement sur le Garde - Meuble :
c'est le tems de ce trajet qu'il s'agit ici d'é-
valuer.

Dans un air calme, & suivant des expériences faites autrefois avec le plus grand
soin par l'Académie Royale des Sciences, le
son parcourt à-peu-près cent soixante-treize
toises par seconde, & se répand, en tout
sens, avec la même vîtesse, autour du point
où il est excité; mais si la masse totale de
l'air environnant est emportée par un vent
quelconque, c'est une vîtesse nouvelle à ajouter
à la première, pour tous les lieux qui sont
sous le vent : il faut la souftraire au contraire
pour tous les points auxquels le son n'arriveroit qu'en remontant contre l'origine du vent,
& pour les directions moyennes, la vîtesse
réelle du son résulte de celle qui lui seroit
propre dans un air calme, & de celle du vent,
combinées ensemble, suivant les loix ordinaires de la composition des forces. Mais en
jugeant de la vîtesse du vent qui souffloit le
27 Août, par l'espace de huit mille six cent
cinquante toises environ, qu'il fit parcourir au
Ballon, pendant les quarante-cinq minutes que
ce mobile fut en l'air, avant de tomber à Ecouen

près Goneffe, on trouve qu'elle étoit, à-peu-
près, de dix-neuf.pieds, ou de trois toifes
par feconde. C'eft donc environ 176 toifes de
vîteffe, par feconde, qu'il faut attribuer au
fon dans la direction de ce vent, & quand
même la vîteffe de celui-ci auroit été mal
calculée, on voit que l'erreur qui en réfulte-
roit fur celle du fon, feroit à-peu-près infenfible. Divifant donc les 1095 toifes de
diftance, qui fe trouvent entre l'École Militaire
& le Garde-Meuble, par 176, on trouve que
le bruit du canon a dû parvenir·à ce dernier
pofte en $6'' 13'''$ ou fix fecondes un quart
à-peu-près.

Cela pofé, quand le premier coup de canon a été tiré à l'Ecole Militaire, le compteur
de M. d'Agelet marquoit $5^h 1'$. Il marquoit
donc $5^h 1' 6'' \frac{1}{4}$, quand le bruit a été entendu au Garde-Meuble ; & comme alors
la pendule de M. Jeaurat ne marquoit, fuivant fes obfervations, que $5^h 0' 20''$, il
s'enfuit qu'elle retardoit fur le compteur de
M. d'Agelet de $46'' \frac{1}{4}$ à-peu-près. Ajoutant
donc cette différence à toutes les époques
données par M. Jeaurat, on aura les deux
fuites d'obfervations ramenées à un même
tems. Tel eft l'ufage de ce coup de canon
noté par les deux Obfervateurs, & fans lequel

il étoit certainement impoffible de deviner la
différence qui fe trouvoit entre leurs pendules,
quelqu'effentielle qu'elle fût à connoître. Vous
concevez qu'un fignal vifible auroit été encore
plus fûr, & que, la lumière fe mouvant inftan-
tanément, il n'y auroit eu aucune réduction à
faire. Mais voilà toujours les obfervations rac-
cordées, & j'ai en conféquence réuni les deux
journaux en un feul tableau, dont les tems
font pris fur le compteur de M. d'Agelet. J'y
ai fuppofé l'angle du Ballon, nul à la fois
pour les deux points d'obfervation, parce
qu'ils font en effet, à très-peu-près, dans le
même niveau, fuivant l'obfervation que fit encore M. d'Agelet pour s'en affurer.

TABLEAU comparatif des observations faites à l'Ecole Militaire & au Garde-Meuble.

Observations faites à l'Ecole Militaire.			Colonne des tems de chaque observation, commune aux deux suites à la fois.	Observations faites au Garde-Meuble.	
	Angles de hauteur apparente.	Angles de déclinaison vers le N. E.			Angles de hauteur apparente.
1er coup de canon.	......	....	5h 1m 0f		
			5h 1m 6f $\frac{1}{4}$	On entend le 1er coup de canon.	
Le Ballon est à la hauteur du dôme.	0d 0'	6 à 7d	5h 2m 0f	....	0d 0'
			5h 2m 46f $\frac{1}{4}$	On voyoit le Ballon venant rapidement & déclinant vers la droite.	
	53d 40'	20d	5h 2m 52f		
	59d 40'	30d	5h 4m 0f		
Grande pluie:	53d 37'	....	5h 4m 53f		
Le Ballon disparoît dans les nuages, environ 10" après cette observation, ou à ,	......	....	5h 5m 3f		
			5h 5m 6f $\frac{1}{4}$	Le Ballon disparoît	28d 40'
				La pluie empêche totalement d'observer.	
Le Ballon reparoît	33d 0'	67d 15'	5h 7m 0f		

(63)

Ce tableau préfente maintenant un accord
très - fatisfaifant entre la fucceffion des évé-
nemens tels qu'ils ont dû paroître à ces deux
points, éloignés l'un de l'autre d'une diftance
affez confidérable : il en réfulte que la pluie
épaiffe s'eft fait fentir à l'Ecole Militaire treize
ou quatorze fecondes plutôt qu'au Garde-
Meuble ; & en effet, les nuages venans du
fud-oueft, il devoit y avoir, à cet égard, une
différence, quoiqu'elle foit bien éloignée de
dépendre uniquement de la viteffe du vent :
celle avec laquelle fe propage la caufe quelconque qui précipite les vapeurs fufpendues dans l'atmofphère, eft bien plutôt
le véritable élément de cette fucceffion, & il
y auroit, à ce fujet, des confidérations à développer, très - intéreffantes peut-être pour
l'objet des obfervations météorologiques ; mais
je n'oublie point que cette lettre en a un tout
différent, & je me borne à vous faire remarquer les circonftances qui peuvent fervir à
éprouver le degré de confiance que mérite le
tableau que je viens de vous mettre fous les
yeux. L'intervalle de trois fecondes, à-peu-près,
dont on y voit que la difparition du Globe
pour l'Ecole Militaire, a précédé fon occultation par rapport au Garde-Meuble, tient
encore aux mêmes caufes ; & il eft tout fimple

que la pluie qui tomboit alors, ait contribué pour quelque chofe, à le dérober aux yeux des fpectateurs. Le tableau comparatif que je viens d'établir, porte donc toutes les marques de vérité propres à le faire regarder comme un hiftorique exact de ce qui s'eft paffé dans la courte durée de l'expérience du 27 Août : paffons à l'ufage qu'on en peut faire.

L'objet de cette comparaifon des obfervations, faites en deux lieux différens, étoit d'en trouver au moins deux qui fuffent faites en même - tems, & qui appartinffent par conféquent à une pofition unique du Ballon ; mais le tableau dont il s'agit ne préfente point ainfi d'obfervations fimultanées : parmi les époques de M. d'Agelet, celle qui fe trouve la plus voifine du feul inftant où M. Jeaurat ait pris la hauteur du Ballon, le précède encore de 13 fecondes $\frac{1}{4}$, & l'efpace que le mobile a dû parcourir pendant cet intervalle, eft bien plus confidérable qu'il ne faut pour occafionner une erreur groffière, fi l'on entreprenoit de combiner enfemble ces deux obfervations. Vous voyez, Monfieur, que fi le tems & les circonftances euffent permis de les multiplier de part & d'autre, cet embarras fe trouveroit prodigieufement diminué : moins d'intervalle entre les obfervations, auroit laiffé la liberté

de

de faire fur les tems des changemens fans
conféquence, ou plutôt chaque fuite étant
affez nombreufe pour préfenter entre fes termes
une loi quelconque, on auroit pu fans erreur
fenfible, calculer bien fimplement ceux qu'on
auroit eu à intercaler. Mais il faut faire ufage
de ce tableau tel qu'il eft, & fuppléer à fon
infuffifance, en tâchant de trouver un angle
de hauteur, qui, inféré dans une des deux
fuites, puiffe être regardé comme apparte-
nant au même inftant que quelqu'une des
obfervations de l'autre.

Or, je remarque d'abord, par la loi que
fuivent entr'eux les angles de hauteur obfervés par M. d'Agelet, qui, après avoir été
en croiffant, avoient déjà commencé à diminuer lors de fon avant-dernière obfervation,
qu'alors le Ballon venoit de paffer par le point
de fa courbe où fon changement de place in-
fluoit le moins fur la hauteur apparente obfervée du dôme de l'Ecole Militaire : de forte
que de très-petites différences fur ces angles
de hauteur en auroient alors occafionné de
fort grandes fur le lieu réel du mobile. Ce
feroit donc une opération très-fujette à erreur,
que d'intercaler un terme de plus dans la fuite
des obfervations de M. d'Agelet, quand même
on feroit certain de le calculer d'une manière

E

fort approchée ; & il eft beaucoup plus fûr de faire cette correction au journal du Garde-Meuble, dont la pofition vers l'intérieur de la concavité de la courbe décrite par le Globe, en rend les erreurs infiniment moins importantes. J'ai donc cherché quel auroit dû être à-peu-près l'angle de hauteur trouvé par M. Jeaurat, s'il eût obfervé le Ballon en même-tems que M. d'Agelet, ou 13 fecondes $\frac{1}{4}$ plutôt qu'il ne l'a fait.

Si la hauteur réelle du Globe, quand il eft difparu pour M. Jeaurat, nous étoit connue ainfi que la loi de fon mouvement, le calcul de l'angle fous lequel il auroit dû lui paroître 13″ plutôt, feroit auffi aifé à faire en rigueur, qu'il feroit inutile; mais il s'agit ici de faire des fuppofitions, & tout l'art confifte à les prendre de manière que quelqu'erreur qu'elles puiffent contenir, elles en produifent une exceffivement moindre, ou même n'en produifent pas du tout fur le réfultat qu'on cherche : c'eft une application de cette méthode, qui a fourni à l'arithmétique la règle des fauffes pofitions : c'eft elle encore qui donne à l'analyfe le plus grand nombre de ces approximations, par fuites infinies, fans lefquelles on feroit forcé d'abandonner bien des queftions.

J'aurois donc pu fuppofer tout fimplement

(67)

les angles de hauteur proportionnels aux tems écoulés , & déduire en conféquence fur l'angle de 28^d 40', obfervé par M. Jeaurat, une quantité proportionnelle aux 13 fecondes un quart, dont il faut avancer fon obfervation. Mais pour être plus exact, j'ai employé les hypothèfes fuivantes.

1°. Que l'accélération du mouvement ne tarde pas à être détruite par la réfiftance de l'air, de forte qu'au bout d'un tems très-court, la vîteffe ceffe d'augmenter fenfiblement, jufqu'à ce qu'au contraire elle vienne à diminuer effectivement. Alors le mouvement devient prefqu'uniforme, & l'on peut fuppofer les hauteurs du Ballon, à-peu-près proportionnelles aux tems, du moins pour une partie affez confidérable de fa courfe, & pour des inftans peu différens.

2°. Que les efpaces parcourus horizontalement dans la direction du vent, le font auffi avec une vîteffe fenfiblement uniforme, au moins après les premiers inftans.

3°. Que la hauteur du Ballon, lorfque M. Jeaurat l'a perdu de vue, étoit entre 450 & 500 toifes, comme s'accordent à l'indiquer la plupart des approximations qu'on a publiées.

Du refte, la vérité rigoureufe de toutes ces fuppofitions, eft fi peu importante pour le

E ij

(68)

résultat cherché, qu'en calculant succeſſivement
d'après les deux hauteurs de 450 & de 500
toiſes, qui diffèrent pourtant beaucoup entre
elles, la valeur de l'angle qu'il faut avoir, ne
varie que de 13 minutes, & qu'en adoptant la
première & la plus ſimple de nos hypothèſes,
quoique probablement la plus fautive, elle n'a-
joute pas 1' à cette incertitude ; de ſorte que
l'angle ſous lequel M. Jeaurat auroit dû voir
le Ballon, en obſervant 13 ſecondes ¼ plutôt,
eſt néceſſairement entre 26ᵈ 24' & 26ᵈ 38'.
Or, je remarque que cette différence d'un
quart de degré, n'en produiroit pas une de
4 toiſes ſur la hauteur réelle du Ballon, &
je me détermine en conſéquence pour la valeur, à-peu-près moyenne de 26ᵈ 30', pour
laquelle il eſt, par conſéquent, très-probable
qu'il n'y a pas 2 toiſes d'erreur à craindre (1).

(1) Voici le calcul de ces différentes déterminations :
On trouve que le tems écoulé depuis 5ʰ 2' que le
Globe étoit au niveau des deux lieux d'obſervation,
juſqu'à 5ʰ 5' 6" ¼, moment de l'obſervation de
M. Jeaurat, eſt de 186" ¼ ; tandis qu'on veut avoir
la hauteur apparente pour un moment antérieur à
celui-ci de 13" ¼, ou au bout d'un tems de 173" ſeulement. Ainſi, d'après la prémière ſuppoſition, que les
tems ſoient comme les hauteurs, on aura la proportion :
186" ¼ : 173" :: l'angle obſervé ou 28ᵈ 40' : l'angle
cherché. Cet angle ſe trouve par conſéquent de 26ᵈ 37' ½

(69)

Il paroît donc qu'on peut maintenant rai-
fonner comme s'il exiſtoit dans le tableau
deux obſervations fimultanées, ainſi qu'il ſuit.

à 5ʰ 4' 53"	M. d'Agelet a obſervé,	M. Jeaurat a obſervé,
	53ᵈ 37'	26ᵈ 30'

Cela poſé, ſi l'on connoiſſoit en même-tems
la diſtance à laquelle le Ballon ſe trouvoit de
l'un des deux points, il n'y auroit qu'un trian-

à-peu-près. Tel eſt le réſultat de la première détermination.
Quant à la ſeconde, pour laquelle on a ſuppoſé le
Ballon élevé de 500 toiſes, quand il paroiſſoit à M.
Jeaurat, ſous un angle de 28ᵈ 40', on trouve, en
réſolvant le triangle rectangle, qu'il auro t dû alors
être éloigné horizontalement du Garde-Meuble de 914
toiſes, & avoir, conſéquemment, parcouru, pour s'en
rapprocher, un eſpace de 181 toiſes, puiſqu'il en étoit
originairement éloigné de 1095. Faiſant donc les deux proportions des tems avec les eſpaces parcourus tant horizontalement qu'aſcenſionnellement, il en réſulte que
13" ¼ plutôt, il n'auroit eu que 464 toiſes d'élévation,
& auroit encore été diſtant du Garde-Meuble de 926
toiſes. Ces deux données ſuffiſent pour calculer dans ce
cas la hauteur apparente, qui auroit été de 26ᵈ 37' à-
peu-près.
Faiſant enfin le même calcul, pour une hauteur ſup-
poſée de 450 toiſes, la valeur qu'on obtient pour l'angle
cherché, eſt de 26ᵈ 24'.
Voilà donc trois valeurs, dont les limites ne diffèrent

E iij

(70)

gle à réfoudre pour en conclure l'élévation,
& c'eſt en appréciant cette diſtance à l'eſtime
qu'ont été calculées les hauteurs dont on a déjà
fait part au Public : méthode pour laquelle il
n'eſt pas beſoin d'avoir pluſieurs points d'obſervation. Mais il eſt maintenant poſſible d'avoir
un moyen plus précis, & de déduire des deux
hauteurs apparentes que nous avons, quel
étoit à très-peu de choſe près, le point du
terrein auquel répondoit le Globe, &, par
conféquent, ſa diſtance à chacun des deux points
d'obſervation.

Je confidère pour cela une perpendiculaire
à l'horizon abaiſſée du Ballon : le point auquel elle rencontre le plan horizontal, eſt
celui que nous avons à chercher. Or, cette
verticale eſt évidemment la hauteur commune
de deux triangles rectangles, dont les baſes ſont
les diſtances du pied de cette verticale, à
chacun des deux points d'obſervation, &
qui ont pour angle à la baſe, la hauteur apparente obſervée du point auquel chaque
triangle appartient. Il réſulte de-là, que les
diſtances du pied de cette perpendiculaire,

pas de 15′. Mais pour une diſtance de 926 toiſes, qui
répond à la ſuppoſition la plus forcée, 15 minutes
ne valent que 4,041 toiſes; il n'y a donc pas 2 toiſes
d'erreur à craindre, en prenant une valeur moyenne.

(71)

à chacun des deux lieux d'obfervation, font dans un rapport connu ; favoir, comme les tangentes des complémens des angles de hauteur obfervés : rapport, qui, pour la valeur de nos angles, fe trouve être celui des nombres 7368 & 20057. Nous favons donc maintenant qu'à l'inflant des deux obfervations dont il s'agit, la diflance horizontale du Globe par rapport à l'Ecole Militaire, étoit à fa diflance par rapport au Garde-Meuble, comme 7368 eft à 20057. Je vous prie de commencer à jetter les yeux fur la carte jointe à cette lettre.

Mais cette condition ne fuffit pas pour déterminer la projeclion que nous cherchons : un grand nombre de points peuvent avoir la même propriété, & en réfolvant le problême très-fimple auquel cette queflion donne lieu, on trouve que tous ceux qui appartiennent à un cercle *M P N*, dont le centre *C* foit à 171 toifes du dôme de l'Ecole Militaire, dans la direclion prolongée du Garde-Meuble, & dont le rayon foit de 465 toifes, fatisfont à cette condition, que leurs diflances à l'Ecole Militaire & au Garde-Meuble foient dans le rapport affigné (1). Notre problême eft donc encore indéterminé.

(1) Soient *A* & *B* (fig. 2) les deux points donnés ; *Q M Y* la courbe telle que les diflances *M A*, *M B*

E iv

Voilà le moment, Monsieur, où vous voyez avec évidence la néceffité d'une troifième obfervation. Car, en la combinant avec quelqu'une des deux que nous avons, il en feroit réfulté de même un autre cercle fur lequel le point cherché auroit dû encore fe trouver, &

---

foient dans un rapport conftant ou comme des nombres connus que nous défignerons par m & n. Adoptons les dénominations fuivantes : $AB = a$; $AP = z$; $PM = y$; on aura $\overline{AM}^2 : \overline{BM}^2 :: m^2 : n^2$; & par conféquent $z^2 + y^2 : (a-z)^2 + y^2 :: m^2 : n^2$; d'où l'on tire l'équation $(n^2 - m^2) y^2 + (n^2 - m^2) z^2 + 2 a m^2 z - a^2 m^2 = 0$, laquelle appartient évidemment au cercle, puifque les coefficiens des quarrés des coordonnées font égaux.

Mais foit C un point quelconque, tel que $AC = b$ & où l'on tranfporte l'origine des abfciffes, de forte que CP foit nommé x, on aura évidemment $AP = CP - AC$ ou $z = x - b$. Mettant pour z cette valeur dans l'équation ci-deffus, & déterminant b de maniere que le coefficient de x s'évanouiffe, on aura $b = \dfrac{a m^2}{n^2 - m^2}$ & l'équation deviendra $x^2 + y^2 = \left(\dfrac{a m n}{a^2 - m^2}\right)^2$ équation d'un cercle dont le rayon eft $\dfrac{a m n}{n^2 - m^2}$; prenant AC & CF tels que ce calcul les donne, & fubftituant pour a, n, m, les nombres 1095, 7368, & 20057, on fera en état de décrire le cercle qui convient aux deux obfervations qu'on examine.

par conféquent l'interfection des deux cercles
auroit donné ce point à la rigueur. Calculant
alors la hauteur réelle du mobile , par le
moyen de fa diftance à quelqu'un des trois
lieux·d'obfervation, on auroit eu bien fimplement fa pofition abfolue. Telle étoit la méthode que j'avois à expofer , pour trouver
avec facilité la fituation d'un point dans l'efpace , par le moyen de trois obfervations
fimultanées.

Mais nous n'en avons que deux , & il s'agit
d'employer quelqu'autre moyen pour trouver
à-peu-près, le point du cercle auquel le Ballon
répondoit. Or, c'eft à quoi plufieurs confidérations pourront nous conduire.

J'obferve d'abord que fi la direction du
vent qui fouffloit alors , étoit connue avec
précifion, il n'y auroit qu'à mener par le point
B, d'où eft parti le Ballon, & qui eft diftant
du dôme de l'Ecole Militaire , de 129 toifes,
une ligne *B V* fuivant la direction du vent :
elle couperoit évidemment le cercle au point
cherché. Mais quoiqu'on fache que le vent
venoit alors du fud-oueft , cette forte d'indication, fondée fur un fimple apperçu, eft
bien éloignée du degré de précifion néceffaire
pour l'objet qui nous occupe ici ; & outre
qu'elle ne fauroit donner de la direction du

vent, qu'une idée approchante à 10 ou 12 degrés près, elle ne peut d'ailleurs rendre compte des variations brufques & inflanta- nées qui y furviennent fi fréquemment, quand l'état de l'air n'eft pas fixe ; on ne peut donc tirer que des renfeignemens très- vagues de cette efpèce de donnée.

Nous aurions encore une manière bien fimple de déterminer le point que nous cherchons, fi le foin qu'a pris M. d'Agelet, de mefurer affez fouvent les angles de déclinaifon vers le nord-eft, avoit pu nous fournir une obfer- vation de ce genre, pour le moment dont il s'agit ici ; car, en menant une ligne EQ, faifant avec la ligne du milieu du champ de Mars un angle égal à celui qui auroit été obfervé, cette ligne eût évidemment coupé le cercle au point qu'on defire de déterminer. Mais malheureufement cet angle manque dans le tableau, vis-à-vis de l'obfervation qui nous occupe, & les autres en font trop éloignées pour qu'on puiffe penfer à intercaler celui-ci.

J'obferve pourtant que, malgré cette difette apparente de toutes efpèces de moyens, il eft poffible de faire un grand ufage des angles de déclinaifon, obfervés dans d'autres inflans : ils peuvent en effet fervir à donner une idée affez jufte de la marche du Ballon dans le fens hori-

zontal; & le dernier sur-tout, observé plus de 5′
après son départ, & lorsqu'il avoit déjà acquis
une hauteur assez considérable, sera d'autant
plus utile à cet objet, qu'il est infiniment à
présumer que le mobile, sorti alors de la région inférieure, où les reflets & les causes
locales influent le plus sur les mouvemens de
l'air, devoit avoir acquis depuis long-tems
une marche régulière : d'ailleurs, la grande
distance où il devoit être alors, par rapport
au point de départ, en rendroit les écarts
d'autant moins sensibles pour l'objet que nous
avons à remplir. Ce sera donc en déterminant
quelle pouvoit être à-peu-près la position
du Globe, à l'instant de cette dernière observation, que nous allons juger de la vraie
direction du vent; & faisant la même opération
pour les deux autres époques auxquelles M.
d'Agelet a encore mesuré la déclinaison, nous
obtiendrons un ensemble de résultats, dont la
comparaison pourra servir beaucoup à nous
mettre en état de tracer sur la carte la projection horizontale de la route réelle du
Ballon.

Je mène donc d'abord la ligne ET, faisant
avec la ligne de milieu du champ de Mars,
un angle BET, égal aux 67 degrés ½ de déclinaison que trouva M. d'Agelet, quand il

revit le Globe pour la dernière fois, fous
une hauteur apparente de 33 degrés feulement. Je fuis fûr, par conféquent, que le mobile répondoit alors verticalement à quelqu'un
des points de cette ligne. Je fais de plus,
par la comparaifon des tems, que fon élévation étant entre 450 & 500 toifes, comme
je l'ai déjà rappelé ci-devant, lorfqu'il difparut pour M. Jeaurat, à $5^h 5' 6'' \frac{1}{4}$, devoit
être entre 700 & 800 toifes à $5^h 7' 0''$, inftant
dont il s'agit actuellement : & c'eft pour éviter
foigneufement toute fuppofition hazardée, que
j'adopte ici une latitude auffi grande. Calculant
donc le triangle à réfoudre, pour conclure de
la hauteur du Ballon, quelle étoit alors fa
diftance à l'Ecole Militaire, je la trouve entre
1077 & 1231 toifes, &, prenant un point T,
moyen entre ces deux limites, je mène la
ligne $B T$, que je regarde en conféquence
comme la direction du vent. Il ne s'agit plus
que de la déterminer par le calcul; mais je
fuis d'autant plus tranquille fur la certitude du
réfultat, que, vu la grande obliquité des deux
lignes $B T$ & $E T$, il faudroit, fur la grandeur de celle-ci, une erreur immenfe pour
occafionner, fur la direction de l'autre, une
différence appréciable. Réfolvant en effet le
triangle $B E T$, dans lequel l'angle E, & le

côté *B E* font connus, & fuppofant fucceffivement la diftance *E T*, égale aux deux nombres donnés ci-deffus pour limites, on trouve
que l'angle *E B T* ne peut varier qu'entre
106^d 8$'$ $\frac{1}{2}$ & 106^d 59$'$ $\frac{1}{2}$. Voilà donc la direction
du vent déterminée à moins d'un degré près,
& il eft infiniment probable que c'eft cette
route que le Ballon a tenue.

Pour examiner maintenant comment cette
direction quadre avec les autres pofitions du
Globe, je mène encore les lignes *E Q*,
E R, faifant, avec la ligne de milieu du
Champ de Mars, des angles égaux aux deux
autres déclinaifons que M. d'Agelet a auffi
déterminées; de forte que l'angle *B E Q* de
30 degrés, appartient à 5^h 4$'$, tandis que l'angle *B E R* de 20 degrés, appartient à 5^h 2$'$,
52$''$; & je commence par chercher à quel
point de la ligne *E Q*, correfpondoit à-peu-
près le Ballon au moment où il a été obfervé.

Je pars toujours de la fuppofition que,
lors de la difparition, la hauteur acquife étoit
entre 450 & 500 toifes, & j'en conclus, par
la comparaifon des tems, que cette élévation,
à 5^h 4$'$, étoit entre 290 & 322 toifes; d'où
il eft facile de conclure, par la réfolution du
triangle dont la hauteur apparente, obfervée

pour cet inftant, détermine la conftruction, que
la diftance horizontale du Globe, par rapport
à l'Ecole Militaire, étoit alors entre 169 $\frac{1}{2}$ &
188 $\frac{1}{2}$ toifes; mais fi la ligne *B T* eft en effet
la route que le Ballon a décrite, le point *m*
où elle coupe la ligne *E Q*, en détermineroit
la pofition pour l'inftant dont il s'agit, & doit
par conféquent quadrer avec les limites qu'on
vient de trouver; c'eft en effet ce qui arrive :
car, en réfolvant le triangle *BE m*, & fuppofant
à l'angle *E B m*, fucceffivement les deux valeurs trouvées plus haut, on obtient pour *E m*
les deux quantités prefqu'égales, 179 & 181
toifes, qui fe trouvent, comme on voit, entre
les limites 169 $\frac{1}{2}$ & 188 $\frac{1}{2}$, & dont, par une
forte de hazard fingulier, la moyenne eft à
une toife près la même. Tout fe réunit donc
jufqu'ici pour confirmer que la ligne *B T* eft
bien réellement la direction du vent qui fouffloit lors de l'expérience du 27 Août, & que
le Ballon a fuivi à-peu-près cette route, au
moins depuis *m* jufqu'en *T* : voyons ce que
la première obfervation de M. d'Agelet, qui
nous refte encore à difcuter, nous apprendra
de plus fur le commencement du trajet de ce
mobile.

En adoptant toujours pour limites de la
hauteur du Ballon, lors de fa difparition, les

termes 450 & 500 toiſes, dont la grande latitude permet enſuite de faire, ſans erreur,
les ſuppoſitions les plus commodes ſur la loi
de ſes élévations ſucceſſives; nous continuerons,
pour cette obſervation, à prendre les hauteurs
proportionnelles aux tems : il en réſultera,
qu'à l'inſtant dont il s'agit, la hauteur du
Globe devoit être entre $125 \frac{1}{2}$ & $139 \frac{1}{2}$ toiſes :
d'où concluant la diſtance par le moyen de
la hauteur apparente qui étoit alors de 53^d
$40'$, on trouvera qu'elle étoit entre les limites
$92 \frac{1}{2}$ & $102 \frac{1}{2}$ toiſes. Portant donc ces diſtances,
dont la différence eſt à peine ſenſible ſur la
carte, ſur la ligne $E R$, à laquelle nous avons
vu que le Ballon devoit correſpondre alors,
on aura à-peu-près le point n, projection horizontale du lieu qu'il occupoit.

Vous êtes ſans doute étonné, Monſieur, de
voir ce point tomber fort loin à droite de la
ligne $B m T$, avec laquelle les réſultats qui
précèdent, ſembloient devoir le faire coïncider :
mais comme il eſt impoſſible de douter de
l'exactitude des obſervations ſur leſquelles ſa
détermination eſt fondée, & qu'il faudroit
cependant y ſuppoſer des erreurs tout-à-fait
improbables, pour apporter un changement
notable à cette poſition du point n, il me
paroît établi avec évidence, que le Ballon

s'eſt mu d'abord vers la droite, pour aller
de *B* en *n*, & qu'il eſt enſuite revenu en *m*,
par le mouvement contraire. Vous pouvez
en effet vous rappeler, Monſieur, que pendant la première minute du mouvement du
Ballon, les Spectateurs qui environnoient le
lieu d'où il eſt parti, furent obligés, pour le
ſuivre des yeux, de ſe tourner de plus en plus
vers le dôme des Invalides & même vers l'extrêmité des bâtimens de l'Ecole Militaire ; ce qui
quadre tout-à-fait avec la direction *B n*, que
nous venons de trouver pour la première
portion de ſa route (1).

Mais comment accorder cette marche cir-
conflexe & bifarre avec la direction du vent,
qui nous ſembloit ſi bien connue, & qui n'auroit pu emporter le Ballon, que ſuivant la
ligne droite *B m* ? C'eſt à quoi des réflexions
bien ſimples ſur ce qui ſe paſſe tous les
jours dans l'atmoſphère, vont nous conduire
tout naturellement. Une cauſe ſubite & ac-

---

(1) Depuis cette Lettre écrite, M. Jeaurat m'a dit
avoir vu en effet le Ballon décliner d'abord vers ſa
gauche, avant de ſe déterminer à ſuivre la droite à
demeure : ce qu'il rend par cette expreſſion que le
Globe lui parut monter d'abord obliquement, puis ſe
redreſſer. Tout confirme donc ce qu'on a trouvé ici.

cidentelle,

cidentelle, qui occafionne dans l'air un mouvement particulier, n'empêche pas en effet
que la maſſe entière ne puiſſe être emportée
fuivant une direction déterminée : il en réſulte
feulement des oſcillations, qui, ſe combinant
avec le mouvement général, produiſent des
directions obliques & ſucceſſivement oppoſées,
juſqu'à ce que la tendance à l'équilibre, &
la diſperſion du mouvement local en tout
fens, aient bientôt détruit ces oſcillations, pour
ne laiſſer ſubſiſter que l'effet de la cauſe
conſtante ; alors l'air continue de ſe tranſporter
en ligne droite, tant qu'une cauſe nouvelle
n'y vient pas occaſionner de nouvelles per-
turbations. C'eſt ce qui, felon toutes les ap-
parences, eſt arrivé au moment où le Ballon
a été abandonné : il eſt en effet impoſſible
d'infirmer la méthode d'où nous avons tiré,
à moins d'un degré près la direction du
vent principal ; mais tout indique qu'à l'inſtant
du départ du Globe, il eſt furvenu dans l'air
une oſcillation latérale, qui s'eſt reſtituée pendant le tems qu'il a mis à ſe rendre de *B*
en *m* ; & ſi l'on fait attention que c'eſt encore
au même inſtant que les nuages, formés depuis long-tems, & ſufpendus dans l'atmoſphère, ont été déterminés à ſe réfoudre en
pluie, on ne fera pas embarraſſé de trouver

F

des caufes à cette agitation fubite (1). Quoi
qu'il en foit, l'ofcillation dont il s'agit a bien
certainement eu lieu; mais le retour du Ballon
dans la ligne *B m T*, eft une puiffante raifon
de croire qu'il a enfuite continué de la fuivre,
du moins à-peu-près.

Il faut pourtant faire attention qu'un mouvement quelconque dans l'air ne pouvant guère
fe détruire en entier après une feule ofcillation, il eft fort à préfumer que le Ballon a
enfuite été emporté quelque peu vers la
gauche de la ligne *B m T*, pour la couper
de nouveau, & peut-être plus d'une fois avant
d'y revenir à demeure : & fi l'on connoiffoit

_____

(1) Quand une maffe de vapeurs fe condenfe pour
former la pluie, fon volume diminue évidemment dans
le rapport de fa pefanteur fpécifique à celle de l'eau
elle - même : il fe fait donc un vuide prefqu'abfolu, dont
l'effet eft d'exciter de tous côtés des courans d'air qui
viennent le remplir. Or je tiens de M. le Gentil qu'il
pleuvoit à l'Obfervatoire, & même très-fort, dès avant
que le Globe s'élevât : Il fuit delà que, la précipitation
fucceffive des vapeurs ayant commencé dans le fud-eft de
l'Ecole Militaire, pour fe propager vers la partie oppofée, l'air a dû être attiré d'abord du côté du fud-eft,
& bientôt après dans la direction contraire : ce qui fuffiroit feul pour expliquer comment le Ballon a d'abord
été tranfporté à droite de la ligne *B T*, & ramené enfuite
dans cette ligne.

la durée de ces balancemens , on feroit en
état de déterminer les différens points μ , où
fe feroient ces interfections ; mais outre que cette
confidération deviendroit minutieufe pour l'objet dont nous nous occupons, nous n'avons aucune des données de cette efpèce de problême.
Nous favons feulement , par le journal de M.
Jeaurat, que le Ballon lui paroiffant déjà fe
mouvoir vers fa droite , fix fecondes environ
avant l'inftant où M. d'Agelet l'a vu au point
n, il en réfulte que le fommet de la courbe
B n m , eft un peu avant ce point : d'où il
paroît que le Ballon a mis fenfiblement plus
de tems à revenir dans la ligne B T, qu'à
s'en écarter , & qu'ainfi les ofcillations deve-
nant de plus e plus lentes (1), & d'ailleurs

(1) C'eft à 5ʰ 2′ 46″ ¼ que M. Jeaurat voyoit déjà
le Ballon décliner vers fa droite ; il avoit donc alors
commencé à revenir vers la ligne B T : mais à 5ʰ 2′
le Ballon étoit à la hauteur du dôme de l'Ecole Militaire,
& l'on peut évaluer à 8″ à-peu-près, le tems qu'il lui a
fallu pour acquérir cette élévation ; il étoit donc en
mouvement depuis 54″ ¼ tout au plus, quand il a ter-
miné la première partie de fon ofcillation ; & comme il
n'eft revenu en m qu'à 5ʰ 4′, il s'enfuit qu'il a mis 19″ de
plus au retour , & que par conféquent, il avoit une
tendance marquée à ralentir de plus en plus les balancemens que l'impreffion du premier pouvoit entretenir.

la viteffe horizontale du Ballon paroiffant
s'être beaucoup augmentée à mefure qu'il
s'élevoit davantage, le point μ doit être non-
feulement beaucoup plus éloigné du point m,
que celui-ci ne l'eft du point B; mais encore
fort au dehors du cercle MPN, auquel nous
avons vu que le Globe répondoit $53''$ feulement après l'obfervation du point m, tandis
que l'ofcillation $B\,n\,m$ en a duré au moins
120. Il fuit delà que, fi une feconde ofcillation a eu lieu, elle n'étoit pas à beaucoup près
achevée quand le Ballon eft paffé au-deffus du
cercle MPN, & que par conféquent le point
de ce cercle, qui lui correfpondoit alors, doit
être un peu fur.la gauche de la ligne BT; mais
la tendance au rallentiffement que nous venons
de reconnoître, montrant en même-tems une
difpofition très-prochaine à l'extinction totale
des balancemens, il eft fort à préfumer que
cet écart du Ballon étoit très-peu confidérable.

Ayant donc tracé fur la carte jointe à cette
lettre, la route qu'il paroît que le Ballon a
tenue, & dont plufieurs points nous font connus maintenant à bien peu de chofe près,
revenons à l'objet qui a occafionné toute cette
difcuffion, & qui va déformais être bien fimple.
Il s'agiffoit en effet de trouver le point du

eercle *MPN* auquel le Globe répondoit lors
des deux obfervations comparées de l'Ecole
Militaire & du Garde - Meuble : or il eft maintenant évident que c'eft le point z où ce cercle
eft coupé par la route du Ballon, & il ne s'agit
plus que de le déterminer par le calcul. Mais
comme rien ne nous apprend à quelle diftance
ce point fe trouve de la ligne *BT*, quoique
nous fachions bien qu'elle eft très - peu de
chofe, bornons-nous à chercher le point *u* où
le même cercle eft coupé par cette ligne ; fauf
à ne pas oublier que nous favons d'avance par-
là dans quel fens eft l'erreur très-légère dont
le réfultat fera fufceptible. Reprenant donc les
limites que nous avons trouvées ci-deffus pour
la valeur de l'angle *EBT*, nous choifirons celle
qui rapproche le plus le point *u* du point z,
& nous fuppoferons en conféquence l'angle
EBT de 107 degrés, pour éviter une fraction
de minute, dont l'effet feroit ici totalement
infenfible.

    Le refte ne préfente plus aucune difficulté,
& s'achève par la réfolution d'une fuite de
triangles, qu'on formera en menant les lignes
BC, *uC* & *Eu* ; il faut fe rappeller que la diftance *CE*, dont le centre du cercle *MPN*
eft éloigné du dôme de l'Ecole Militaire, eft
de 171 toifes, que le rayon de ce cercle en

a 465, & que le point *B*, d'ou eſt parti le Ballon, eſt à 129 toiſes du point *E*. Quant à l'angle *BEG*, que nous avons encore beſoin de connoître, & qui eſt formé par la ligne de milieu du Champ de Mars, & celle qui vient du Garde-Meuble au dôme de l'Ecole Militaire, nous le prendrons de 86 degrés, comme les meilleures cartes s'accordent à le donner. Il réſulte de ce calcul, dont tout l'objet eſt de déterminer la ligne *Eu*, que cette ligne, exprimée en toiſes & en fractions décimales de toiſes, eſt de 315,67 toiſes (1). Si donc le

───────────────

(1) Voici le détail de ce calcul :

Dans le triangle *BFC*, l'on connoît *BE* de 129 toiſes, *CE* de 171, & l'angle *BEC*, ſupplément de l'angle *BEG*, qui eſt par conſéquent de 94 degrés. On en conclura l'angle *EBC* de 50ᵈ 26', 28 ; l'angle *ECB* de 35ᵈ 33', 72 & la ligne *BC* de 221,2 toiſes : les fractions de minutes & de toiſes étant exprimées en décimales.

Ajoutant l'angle *EBC*, qui vient d'être déterminé, avec l'angle *EBu*, que nous ſavons être de 107ᵈ, on aura *uBC* de 157ᵈ 26', 28 ; & l'on connoîtra de plus, dans le triangle *uBC*, le côté *BC*, qui vient d'être déterminé, & le côté *uC*, qui étant un rayon du cercle, eſt de 465 toiſes. Réſolvant donc ce triangle, on trouvera le côté *Bu* de 252,85 toiſes. Réſolvant enfin le triangle *BuE*, où l'on connoît maintenant *Bu*, *BE* & l'angle compris, on trouvera l'angle *BEu*, qui meſure la déclinaiſon, de 49ᵈ, 59', 74 & *Eu* de 315,67 toiſes.

Ballon, à l'inftant dont nous nous occupons,
avoit correfpondu au point *u*, où la direction du vent coupe le cercle *MPN*, fa diftance horizontale par rapport à l'Ecole Militaire, auroit été alors telle que nous venons de la déterminer. Mais nous avons vu
ci-deffus qu'il y a tout à préfumer que ce
mobile étoit alors en '*z*, un peu à gauche
de la direction principale du vent ; il y auroit donc quelque chofe à ajouter à cette
diftance. Comme nous n'avons néanmoins aucun élément de cette correction qui dépend
uniquement de l'amplitude inconnue de la feconde ofcillation que le Ballon a dû faire en
confervant l'impreffion de la premiere, nous
nous bornerons à regarder ce réfultat comme
une approximation un peu au-deffous du vrai,
& il en fera de même de la hauteur que nous
allons en conclure.

Cette élévation qu'avoit acquife le Ballon,
lors de l'obfervation dont il s'agit, fe déduit en effet fort fimplement de la hauteur
apparente mefurée par M. d'Agelet, du moment que la diftance horizontale eft cenfée
connue. Réfolvant donc le triangle rectangle
dont la bafe eft de 315,67 toifes, & l'angle de hauteur égal à 53ᵈ. 37′, on trouvera que la hauteur cherchée du Ballon

étoit un peu plus que 428 toifes & demie.

Il fera facile encore de conclure de tout ceci, quelle étoit à-peu-près l'élévation du Globe, quand il difparut pour M. Jeaurat, c'eft-à-dire 13 $\frac{1}{4}$ fecondes après la pofition que nous venons de déterminer; car pour des inftans auffi voifins l'un de l'autre, on peut, fans grande erreur, regarder les hauteurs comme proportionnelles aux tems. Il réfulte de cette fuppofition, qu'à l'inftant de la difparition dont il s'agit, la hauteur de la Machine étoit d'environ 461 $\frac{1}{2}$ toifes : ce réfultat étant toujours regardé comme un peu trop foible, ainfi que celui duquel il eft déduit, & par les mêmes raifons.

Il eft enfin très-aifé de connoître le point du terrein auquel le Ballon répondoit verticalement à l'inftant de fa difparition ; il n'y a qu'à calculer fa diftance horizontale par rapport au Garde-Meuble, d'où il fut obfervé alors fous un angle de 28^d 40' : cette diftance fe trouve par ce moyen d'environ 844 toifes. Décrivant donc du Garde-Meuble comme centre, un arc de cercle de ce rayon, il coupera la route du Ballon en un point t, qui fera le point cherché. En le rapportant fur la carte, on trouve qu'il tombe à très-peu près fur l'extrémité de la rue S. Dominique, au Gros-Caillou, à diftances égales de l'églife S. Pierre & de la rue de la Vierge.

D'après la méthode que j'ai fuivie pour ces différentes déterminations, vous jugerez, Monfieur, fort peu utile fans doute d'en comparer les réfultats avec ceux qui ont été publiés : le calcul de ceux-ci n'ayant été fondé que fur des eftimations arbitraires des diftances horizontales, tandis qu'elles ont été ici déterminées d'une manière fcrupuleufe ; mais il eft feulement fingulier que toutes ces évaluations fe foient accordées à faire la hauteur du Globe beaucoup plus confidérable qu'elle n'a été réellement. En ajoutant en effet les 20 toifes de hauteur du dôme de l'Ecole Militaire, du niveau duquel font comptées toutes nos hauteurs, aux 461 toifes que nous venons de déterminer, il y en manqueroit encore 38 pour faire les 519 dont on a parlé dans plufieurs papiers. Quant à l'élévation de 488 toifes, qui a été conclue de la hauteur apparente de 14^d 3′, mefurée par M. le Gentil à l'Obfervatoire, elle eft encore dans le même cas : car à moins de fuppofer que le Ballon ait difparu beaucoup plus tard pour ce point éloigné, ce qui ne s'accorderoit guère avec ce que nous favons de la pluie qui s'y étoit fait fentir plutôt qu'à l'Ecole Militaire , il n'eft pas poffible d'ad-

mettre une auſſi grande différence entre les
élévations. C'eſt au reſte ce qu'il nous eſt aiſé
de vérifier par le moyen de l'azimut du Globe,
que M. le Gentil a auſſi déterminé à-peu-
près (1). Menant en effet par le point *I*, qui repréſente le dôme des Invalides, une ligne *Ir*,
dirigeé ſur l'Obſervatoire, & une autre *Ls*
deux à trois degrés à l'oueſt de la premiere, le
point *s*, où elle coupe la route du Ballon,
ſera le lieu où il exiſtoit alors. Or, ce point,
très voiſin du point *t*, où nous avons vu que
M. Jeaurat avoit perdu la Machine de vue,
indique déjà qu'il ne doit pas y avoir eu une
grande différence entre ces deux diſparitions.
Mais nous avons une donnée plus certaine,
dans la diſtance connue du point *s*, par rapport à l'Obſervatoire, qui eſt d'environ 1800
toiſes. Réſolvant donc le triangle formé ſur
cette diſtance, par la hauteur apparente de
$14^d\ 3'$, nous trouverons qu'au moment dont il

---

(1) M. le Gentil m'a expliqué de combien il avoit vu
le Ballon à l'oueſt du dôme des Invalides : il a même
bien voulu retourner ſur la plate-forme, avec un inſtrument, pour rendre ſa réminiſcence plus parfaite par
l'aſpect même des lieux ; & il en eſt réſulté de cette
eſpèce d'obſervation faite après coup, que l'azimut occi-
dental du Ballon, par rapport au dôme des Invalides,
étoit, lorſqu'il diſparut pour M. le Gentil, de 2 à 3ᵈ.

s'agit, l'élévation du Globe étoit de 451 ½
toifes au-deffus de la plate-forme de l'Obfervatoire, & non pas de 488 : à quoi ajoutant
9 toifes, dont cette plate-forme eft plus élevée
que le dôme de l'Ecole Militaire (1), on aura
460 ½ toifes pour la hauteur du Globe au-
deffus du dôme de l'Ecole Militaire, au moment de l'obfervation de M. le Gentil. Cette
élévation, un peu moindre que celle de 461 ½
toifes, trouvée pour l'obfervation de M. Jeaurat, que nous favons même être un peu trop
foible, prouve que l'occultation du Ballon
pour l'Obfervatoire, a plutôt précédé que fuivi
fa difparition pour le Garde-Meuble : ce qui eft
tout-à-fait conforme aux indices réfultans de la
direction du vent, & de la fucceffion de la pluie.

_____

(1) M. le Gentil a eu la bonté de faire à ma demande
les obfervations néceffaires pour établir cette différence
de niveau, & plufieurs autres. L'angle fous lequel il a vu
le dôme de l'Ecole Militaire, plus bas que le niveau de
la plate - forme de l'Obfervatoire, eft de 19ʹ 20ʺ : ce
qui, d'après la diftance de 1570 toifes qui fe trouve entre
les deux points, donne les 9 toifes que j'emploie ici. Je n'ai
fait au refte aucune réduction, pour la différence du niveau réel, au niveau apparent, quoiqu'elle foit très-fen-
fible à cette diftance, parce qu'il faudroit faire la même
correction en fens contraire fur l'angle de hauteur du
Ballon, & que les deux manières reviennent par
conféquent au même.

Quant à l'obſervation de M. Prevoſt, qui lui a donné 15 degrés juſte, ſi l'on ſuppoſe que le Globe fut alors dans le voiſinage du point *s*, & par conſéquent à 1700 toiſes environ de la tour méridionale de Notre-Dame, il en réſulte que ſa hauteur étoit de 455 ½ toiſes au-deſſus du lieu de cette obſervation. Ajoutant donc 6 toiſes & demie, dont les tours de Notre-Dame ſont plus hautes que la plate-forme de l'Obſervatoire (1), avec les 9 toiſes dont celle-ci eſt plus haute que le dôme de l'Ecole Militaire, on aura 15 toiſes ½ de plus à compter, pour rapporter à ce dernier point l'obſervation de M. Prevoſt, & l'on aura, par ce moyen, la hauteur du Globe de 471 toiſes, à l'inſtant de cette obſervation. Ce réſultat, plus fort de dix toiſes que les précédens, montre que le Ballon eſt diſparu pour les tours de Notre-Dame, 4″ environ plus tard que pour l'Obſervatoire, & toute autre cauſe à part, il eſt en effet très-naturel que le point le plus élevé ait ſuivi plus loin la marche de la Machine aſcendante.

------

(1) Réſultat conforme aux obſervations de M. le Gentil, à celles que M. Lavoiſier a faites autrefois avec le plus grand ſoin, qui, avec beaucoup d'autres, compoſent un travail très-étendu, qu'il a bien voulu me communiquer, & au nivellement de Paris par M. Buache.

Vous voyez, Monfieur, par ces comparaifons, que toutes les obfervations ayant été
ramenées à leur fignification véritable, ne
donnent plus, à beaucoup près, des réfultats
auffi forts pour l'élévation du Globe, aux
différens inftans de fes difparitions fucceffives.
L'erreur n'eft venue, comme je l'ai déjà remarqué, que des fuppofitions gratuites & incer-
taines que l'on a faites fur les diftances horizontales du Ballon, par rapport aux points d'où les
hauteurs apparentes ont été mefurées ; au lieu
que, par la connoiffance que nos recherches
nous ont données de la vraie direction qu'a fuivie
la Machine, nous avons pris fur ces diftances des
idées infiniment plus exactes. Toutes les obfervations font donc maintenant d'accord entr-
elles ; & l'on pourroit même s'étonnerde la précifion avec laquelle a été fuivi ce mobile, dont
on ne prévoyoit guère la rapidité, fi l'on ne
faifoit attention que c'étoient des aftronomes
d'un mérite bien connu qui faifoient ces obfervations, & que pour les opérations auxquelles ils font fi exercés, il faut une juftefle
bien autrement délicate. C'eft de quoi l'on
aura une preuve de plus, quand on faura que,
malgré l'exactitude des obfervations que nous
avons difcutées, & dont les angles paroiffent
juftes à moins d'une minute près, tous ceux

qui les ont faites s'accordent à en être très-
peu fatisfaits; mais l'on fera en même-tems
bientôt raffuré fur ce fcrupule, puifque, pour
les plus grandes diftances que nous ayons
confidérées, une minute en plus ou en moins
ne feroit pas une toife d'erreur fur la hauteur
réelle du Globe afcendant.

Il ne me refte donc plus, Monfieur, qu'à
réunir ici des réfultats qui font épars dans tout
le cours de cette lettre, & que je vous ai mis
fous les yeux, à mefure que le cacul me les
a donnés. C'eft à quoi eft deftiné le tableau
fuivant', dans lequel, au lieu d'angles, qui ne
préfentent aucune idée nette, vous allez voir
par-tout des hauteurs abfolues. Mais vous
n'aurez pas fans doute perdu de vue qu'aucun
de ces réfultats n'eft exempt d'une erreur d'un
très-petit nombre de toifes, & je vous prie
de vous rappeller fur-tout que, fur deux de
ces hauteurs, l'erreur eft certainement en
moins : j'ai foin d'ailleurs de le rappeler dans
ce tableau. C'eft au refte du fol même du
Champ de Mars, & non pas du dome de
l'Ecole Militaire que les élévations y feront
comptées, & j'ajoute pour cela à chacune, la
hauteur de ce dôme, qui eft de 20 toifes.

Je défigne auffi dans ce tableau, la direction
du vent que nous ayons déterminée d'une ma-

niere fi approchée; mais comme cette pofition n'a été jufqu'ici rapportée qu'à l'axe du
Champ de Mars, avec lequel elle fait un angle
de 107 degrés, il faut favoir encore comment cette ligne eft inclinee par rapport à la
méridienne, pour ranger ce vent dans la fuite
des *rumbs* de la boufole. Or, d'après les
meilleures cartes, la ligne de milieu du Champ
de Mars décline d'environ 43 degrés à l'ouett
de la méridienne : le vent qui fouffloit lors
de l'expérience du 27 Août, étoit donc
entre l'oueft & le fud, à 30 degrés de celui-ci.
C'eft le lieu de vous faire obferver, Monfieur,
que cette direction ne porte point fur Ecouen,
où le Globe eft allé tomber, & qu'elle s'en
écarte au contraire de 10 ou 12 degrés vers
l'eft; mais c'eft une conformité de plus avec
les faits : car, fuivant la lettre qui donna avis
de la chûte du Ballon, il parut d'abord à l'eft
de Gonefle, avant d'être tranfporté fur Ecouen.
Nous devons en conclure qu'il a éprouvé dans
fa route, un changement de direction, & deux
vents différens, dont le premier doit être
celui que nous avons déterminé. Or, d'après
nos données, on trouve en effet que le vent
qui fouffloit au Champ de Mars, portoit à
cinq ou fix cens toifes à l'eft de Gonefle.

Quant aux difparitions fucceffives, que vous

trouverez aussi notées dans ce tableau, les
époques que j'y ai mises ne sont peut-être pas
à l'abri d'une erreur légère, & la supposition
des hauteurs proportionnelles aux tems, qui
a servi de base à la détermination de quelques-
unes, n'est pas sans doute exacte à la rigueur :
j'ai même assigné l'occultation pour l'Observatoire, comme antérieure de deux secondes
à celle du Garde-Meuble, sans avoir, pour
la calculer, la hauteur précise du Ballon, au
moment de celle-ci ; mais étant sûr au moins
de quel côté devoit être la précession, con-
sidérant d'ailleurs que l'Observatoire a reçu
la pluie bien avant le Garde-Meuble, & la
même cause ayant suffi pour mettre trois secondes de différence entre ce dernier point
& l'Ecole Militaire, j'ai cru ne pouvoir porter, à moins de deux, l'intervalle dont il
s'agit. Il s'ensuivra que l'Observatoire aura
encore vu le Globe une seconde après l'E-
cole Militaire, & l'inégalité de niveau des
deux points, peut bien occasionner une pareille différence. Quoi qu'il en soit, c'est peut-
être d'une seconde qu'il seroit ici question,
si l'on vouloit prétendre à une rigueur absolue,
& la petitesse de l'objet rend la discussion assez
inutile.

Vous trouverez enfin dans le tableau que
je

je viens de vous annoncer, les efpaces parcourus par le Ballon dans le fens de la direction du vent, dont quelques-uns fe trouvent déjà déterminés dans les caculs que j'ai
été obligé de faire plus haut, relativement à
d'autres objets : j'ai calculé les autres de la
même manière, & d'après les déclinaifons
obfervées. Pour la petite quantité dont M. le
Gentil a vu le Ballon à l'oueft du dôme des
Invalides, je l'ai portée à fa plus grande valeur,
c'eft-à-dire, à trois degrés ; ce qui ne fait que
s'accorder encore mieux avec ce qui a été dit
ci-deffus de la fucceffion des difparitions, & ne
fauroit d'ailleurs altérer fenfiblement la hauteur
calculée, qui eft le réfultat véritablement effentiel (1). Quant à la diftance parcouruc fous
le vent au moment de l'obfervation des tours
de Notre-Dame, pour laquelle on n'a mefuré
aucune déclinaifon, elle a été calculée d'a-

(1) Pour mettre tout le monde à portée de vérifier ces
calculs, je dois ajouter ici les élémens que j'ai employés : l'angle que fait le dôme des Invalides, avec
celui de l'Ecole Militaire, étant vus l'un & l'autre du
l'Obfervatoire, a été pris, fuivant les cartes, de 12
degrés 15' ; & celui qui eft compris entre la ligne de
milieu du Champ de Mars, & celle qui joint l'Ecole
Militaire avec l'Obfervatoire, de 171 degrés.

G

près le rapport que les autres suivent avec les tems.

Les déviations à droite ou à gauche de la principale direction du vent, font aussi notées dans une colonne à part, de sorte qu'à l'aide de ce tableau, on pourra désigner d'une manière très-approchée un assez grand nombre des positions successives du Globe ascendant dans l'espace.

RÉSULTAT des Observations faites le 27 Août 1783, sur la marche du Globe ascendant, lancé du Champ de Mars.

Heures suivant M. d'Agelet.	Direction du vent. Sud-Sud-Ouest 7¼d Ouest. Point de départ du Globe, à 129t & 43d Ouest du dôme de l'Ecole Militaire.	Hauteurs du Globe, comptées du niveau du Champ de Mars.	Distances parcourues suivant la direction du vent.	Déviations à droite ou à gauche de la direction du vent.
	La pluie commence à l'Observatoire dès avant le départ du Globe.			
5h 1m 0f soir.	On tire un coup de canon à l'Ecole Militaire.			
5h 1m 6f¼	On entend ce coup de canon au Garde-Meuble.			
5h 2m 0f	Le Globe est à la hauteur du dôme.	toises. 20	toises. 14 ½	toises. 17 à droite.
5h 2m 52f	....	entre {145 ½ / 159 ½}	34	40 idem.
5h 4m 0f	....	entre {310 / 342}	94 ½	0
5h 4m 53f	Grande pluie à l'Ecole Militaire.	un peu plus de 448 ½	un peu moins de 252	Une petite quantité inconnue à gauche.
5h 5m 3f	Le Globe disparoît pour l'Ecole Militaire.	un peu plus de 474 ½	un peu moins de 263¼	Idem.
5h 5m 4f¼	Le Globe disparoît pour l'Observatoire.	480 ½	265	Idem.
5h 5m 6f¼	Grande pluie au Garde-Meuble, le Globe disparoît.	un peu plus de 481 ⅓	un peu plus de 270	Idem.
5h 5m 8f½	Le Globe disparoît pour les tours Notre-Dame.	491	un peu plus de 275	Idem.
5h 7m 0f	Le Globe reparoît un moment pour l'Ecole Militaire.	entre {720 / 820}	entre {1027 / 1181}	0

Voilà, Monſieur, tout ce qu'il m'a été poſſible de tirer des obſervations du 27 Août
dernier, qui n'ont été ni aſſez multipliées, ni
aſſez complettes pour donner des réſultats
plus poſitifs & rigoureux. J'ai du reſte con-
ſigné également dans ce tableau mes incertitudes, comme les déterminations ſur leſquelles j'ai le plus de raiſons de compter, &
il eſt diſpoſé de manière à faire diſtinguer l'un
& l'autre; mais pour la colonne des hauteurs,
qui eſt ce qu'il y a de plus eſſentiel, dans
les vues dont je vous ai fait part au commencement de cette Lettre, vous avez pu
voir, en ſuivant les raiſonnemens & les calculs dont j'en ai déduit pluſieurs termes, que
c'eſt la partie de ce travail qui mérite le plus
de confiance : & ſans parler de celles ſur
leſquelles je n'ai pu indiquer que des limites,
les autres me paroiſſent aſſez exactes pour
mériter d'être comparées avec les réſultats
que fournit la théorie. Ainſi, en comptant
celles qu'il faudroit augmenter d'une petite
quantité, qui dépend des déviations inconnues
du mobile à gauche de la direction du vent,
en vertu de l'impreſſion continuée de ſa première oſcillation à droite, & qu'on ne peut
guère ſuppoſer que d'un petit nombre de
toiſes ; nous aurons en tout cinq comparaiſons

de cette efpèce à faire. Quant aux efpaces
parcourus fous le vent, je les crois affez bien
appréciés pour montrer qu il y a eu dans
cette partie du mouvement du Globe, de
grandes irrégularités, fur - tout pendant les
trois premières minutes; & la vîteffe horizontale de 12 à 15 pieds par feconde, qu'il
paroît avoir eue lors de fes différentes difparitions, fuppofe encore à cet égard des
variations poftérieures, puifqu'en la confervant fans augmentation, il ne feroit pas, à beaucoup près, parvenu à Ecouen en 45 minutes.
Mais cette vîteffe dépendant à chaque inftant
& des impulfions très - inégales des bouffées
de vent qui fe fuccédoient, & des différences
qu'apporte la hauteur à la force d'un vent qui
feroit même uniforme d'ailleurs, il ne faut
pas s'étonner, ce me femble, que cette partie
de nos réfultats foit bien éloignée de préfenter quelqu'égalité, & même aucune efpèce
de loi régulière. Je ne chercherai point au
furplus, Monfieur, à excufer le détail très-
étendu dans lequel je vous ai fait fuivre toute
cette recherche, & qui vous l'a rendue peut-
être auffi faftidieufe, qu'elle a été laborieufe
pour moi : mais plus la marche que j'ai
prife a dû être compliquée, plus je devois
auffi vous mettre à portée de la vérifier dans

tóus fes points. C'eft donc la faute des circonftances de l'épreuve du 27 Août ; plus
heureufement difpofées, elles nous auroient
procuré des obfervations dont l'examen feroit
devenu de la plus grande fimplicité.

Il ne refte plus maintenant qu'à chercher
par la voie de la théorie pure, quelles pouvoient être les loix du mouvement du Globe
aéroftatique, pour en faire la comparaifon
avec les réfultats de l'obfervation ; & les hypothèfes admifes jufqu'ici pour la réfolution
de ces fortes de problêmes, feront mifes par-
là à l'épreuve la plus certaine, pour montrer
jufqu'à quel point elles s'accordent avec la
nature : mais il faut auparavant déterminer avec
une grande précifion les données numéri-
ques que nous devons employer, & je dois
d'autant plus infifter fur ces déterminations,
que dans quelques-unes, je ne fuis pas entièrement d'accord avec les élémens adoptés
jufqu'ici par des auteurs, bien propres cependant à faire autorité.

La première donnée, très-importante a
établir, eft la loi fuivant laquelle diminuent
les denfités des différentes couches de l'atmofphère. J'admettrai toutefois la fuppofition connue, que pour une fuite de points,
dont l'élévation augmente également d'un

terme à l'autre, les denfités de l'air forment
une progreffion géométrique décroiffante.
Cette hypothèfe eft une fuite néceffaire de
l'expérience tant répétée, qui montre que le
volume d'une même maffe d'air diminue précifément comme le poids qui la comprime,
augmente : mais elle ne fauroit pourtant être
adoptée comme rigoureufe, dans toute la hauteur de l'atmofphère, puifqu'elle la fuppo-
feroit infinie ; & il faut néceffairement admettre
que les denfités décroiffent un peu plus rapidement que cette loi ne l'indique. Cependant
la chaleur de l'air diminuant auffi à mefure
qu'on envifage de plus grandes élévations, &
le refroidiffement tendant à en augmenter la
denfité, cette caufe doit contribuer à rendre
moins prompte la diminution de celle-ci, &
rétablir à-peu-près la progreffion géométrique, du moins dans toute l'étendue, très-
confidérable fans doute, qui fe trouve entre
la furface de la terre & le point du plus
grand refroidiffement. C'eft en effet ce que
confirment les obfervations du baromètre,
faites à toutes fortes de hauteurs, & jufques dans
les montagnes les plus élevées du globe. A
travers les caufes locales qui troublent quelquefois cette proportion, & qu'on a trouvées
d'autant moindres, qu'on a pénétré plus

G iv

avant dans les hautes régions de l'air, les plus illuſtres phyſiciens ont toujours ſu démêler la loi capitale ; & le ſavant M. de Luc, ce grand ſcrutateur de l'atmoſphère, a contribué plus qu'aucun autre, à mettre cette vérité dans tout ſon jour. La relation des denſités de l'air avec les différentes élévations eſt donc un point ſur lequel la théorie paroît tenir le milieu le plus juſte entre les cauſes perturbatrices, que le calcul, ni la réflexion ne ſauroient faire évaluer d'avance ; & comme ces irrégularités, que les obſervations ont ſouvent préſentées, proviennent preſqu'en entier, de l'influence qu'a néceſſairement le ſol même des montagnes où elles ont été faites, ſur la température de l'air qui les avoiſine, les corrections imaginées pour en détruire l'eſſet, ne paroiſſent guère applicables au cas préſent, où il s'agit d'un corps s'élevant dans l'air libre, & dégagé par conſéquent de cette ſource d'inégalités. L'étude des montagnes n'ayant d'ailleurs préſenté à cet égard aucune progreſſion ſuivie, comme on imaginera aiſément, il ſeroit auſſi impoſſible, qu'il me paroît inutile, d'établir aucun ſyſtême de correction, fondé ſur le changement de température à différentes hauteurs, & je crois bien plus vraiſemblable, ainſi que je l'ai déjà dit, de regarder cette caufe de variation dans les denfités, comme fervant à rendre l'hypothèfe théorique plus conforme encore à la nature.

Telles font les raifons qui m'ont déterminé à adopter cette fuppofition, que les denfités fuivent une progreffion géométrique, dont les termes répondent à des hauteurs en progreffion arithmétique. J'ajouterai que, toutes chofes égales d'ailleurs, ces denfités devant être proportionnelles aux hauteurs de mercure foutenues dans le baromètre par le poids de l'air fupérieur, dont la preffion fe trouve mefurée par là, il en réfulte cette forte de formule, qu'en divifant la différence des logarithmes de deux hauteurs du baromètre par la différence de niveau des deux lieux auxquels elles appartiennent, on doit toujours avoir le même quotient conftant. C'eft ce nombre invariable, que je nommerai ici *module barométrique*, dont la détermination nous eft encore néceffaire (1).

_____

(1) Nous fommes maintenant en état d'exprimer analytiquement la relation qui fe trouve entre les denfités de l'air, & les hauteurs au-deffus d'un certain point. Car les denfités étant comme les hauteurs du baromètre, fi l'on nomme D, celle qui appartient au point le plus bas, φ une denfité quelconque, f la différence de niveau des deux points, & m le module barométrique, on aura d'après ce

C'est le cas de faire remarquer ici que pour une hauteur donnée du baromètre, au point le plus bas, & pour une même différence de niveau, ce nombre étant d'autant plus grand que l'autre élévation du baromètre est moindre, se trouve avoir par-là une relation marquée avec la densité de la colonne d'air interposée entre les deux stations, dont le poids est mesuré précisément par cette différence des deux colonnes de mercure (1).

qui vient d'être dit, $\dfrac{log.D - log.\varphi}{f} = m$; d'après cela, si l'on adopte les logarithmes ordinaires, on aura $\varphi = \dfrac{D}{(10)^{ms}}$; équation qui assigne la relation proposée.

(1) Il est aisé de démontrer analytiquement que la densité de l'air est, sous des pressions égales, proportionnelle au module barométrique. Car soit c une hauteur quelconque du baromètre, f la hauteur à laquelle il faut s'élever, pour que la colonne de mercure diminue d'une quantité infiniment petite, m le module barométrique, & a la soutangente de la logarithmique, qui détermine le système de logarithmes qu'on adopte. La différence des logarithmes des deux hauteurs du baromètre infiniment peu différentes, deviendra alors une vraie différentielle dont l'expression est $\dfrac{a\,dc}{c}$; on aura donc $m = \dfrac{a\,dc}{fc}$ & $f = \dfrac{a\,dc}{m\,c}$; mais le poids de la petite colonne d'air interceptée entre les stations infiniment voisines, est évidemment égal à celui de la petite colonne de mercure,

Il en réfulte que, fi plufieurs obfervations fucceffives, pour lefquelles on auroit mefuré géométriquement les hauteurs, donnent à ce nombre des valeurs inégales, leurs différences auront le rapport le plus direct avec les changemens locaux qui furviennent à la denfité de l'air, indépendamment de l'inégalité de preffion ; & ce module ainfi déterminé par l'expérience, préfentera immédiatement dans fes valeurs fucceffives, le tableau le plus expreffif de ces différens effets, dont les caufes auront pu être mefurées en même-tems à l'aide des inftrumens propres à ces obferva-tions. Aujourd'hui fur-tout que, portée à fa perfection par l'inftrument nouveau & les re-cherches fi intéreffantes dont M. de Sauffure vient d'enrichir la phyfique, l'hygrométrie ouvre une nouvelle carrière aux expériences de ce genre, & que la connoiffance des chan-

---

qui fait la différence des deux hauteurs foutenues aux deux ftations : les denfités de ces colonnes égales en poids, font donc en raifon inverfe de leurs hauteurs, qui font J pour l'air & $d\,C$ pour le mercure. φ étant donc la denfité de l'air & ω celle du mercure, on aura $\varphi : \omega :: d\,C : \dfrac{a\,d\,C}{m\,C}$;

donc $\varphi = \omega \times \dfrac{C}{a} \times m$; équation qui montre que pour une hauteur donnée du baromètre, la denfité de l'air eft directement proportionnelle au module barométrique.

gemens qu'éprouve la nature chimique de
l'air à différentes élévations, achève de
completter la fcience des élémens d'une
queftion fi compliquée jufqu ici, une fuite de
déterminations du module barométrique,
jointe aux mefures de la chaleur & de l'humidité
& aux réfultats de l'eudiomètre, montreroit
d'un coup-d'œil l'influence des différens états
de l'air fur fa denfité locale : on verroit ce
nombre s'accroître avec la féchereffe & avec
le refroidiffement, diminuer, toutes chofes
égales d'ailleurs, quand la proportion d'air
inflammable auroit été plus grande dans fon
mélange avec l'air commun ; & la quantité
abfolue de ces variations tiendroit lieu de
tout autre calcul, pour affigner la relation
des caufes phyfiques avec l'effet dont il
s'agit. Cette confidération du module barométrique me paroît donc à-la-fois le moyen
le plus lumineux & le plus fimple de comparer la règle abftraite avec la nature ; & fi
l'illuftre M. de Luc eût envifagé fous ce point
de vue fes nombreufes obfervations, plutôt
que de les rapporter à une méthode arbitraire,
qui n'eft qu'un cas particulier de celle-ci (1),

_____

(1) La règle de M. de Luc confifte à prendre, pour
la différence de niveau qui fe trouve entre deux lieux,
ce que donne la différence même des logarithmes des

le beau travail qu'il a fait fur cette matière,
eût été, ce me femble, infiniment moins laborieux, & l'eût conduit peut-être à quelque
règle encore plus fimple que celle qu'il nous
a tranfinife. Je crois même voir avec évidence
qu'en fuivant le plan d'expériences que M. de
Sauffure a fi heureufement commencées fur
des maffes d'air limitées , & les variant, s'il
le faut, avec des airs différemment mélangés,
on connoîtroit affez bien ce que font la chaleur
& l'humidité fur la denfité de ce fluide, pour

---

deux hauteurs du baromètre , calculés jufqu'à fept figures décimales, confidérée comme exprimant des millièmes de toifes ; & tout fon travail a eu pour objet
de déterminer les corrections qu'il faut faire à ce réfultat , fuivant les différentes températures. Or , la proportion prife ici pour pivot de la nouvelle règle, dérive
du cas particulier où le module logarithmique feroit
égal à la fraction 0,0001 ; & il paroît y avoir d'autant moins de raifons de donner aucune préférence à
cette valeur particulière , que la température de 16 degrés ½ du thermomètre ordinaire , pour laquelle le favant auteur a trouvé que cette valeur convenoit fans
correction , ne tient pas , à beaucoup près, le milieu
entre celles qu'on éprouve à mefure qu'on s'élève dans
l'atmofphère. La méthode qu'on propofe ici, conduit au
contraire à prendre indifféremment toutes les valeurs
poffibles du module logarithmique , & à choifir , pour
chaque obfervation , celle qui convient le mieux aux
circonftances où elle a été faite.

affigner *à priori*, toutes les valeurs dont le module barométrique eft fufceptible, fans aller
chercher ces connoiffances dans des lieux
prefqu'inacceffibles, où, pour obtenir un feul
réfultat, il faut tout le courage & l'obftina-
tion dont les illuftres phyficiens que j'ai cités
nous ont donné de fi beaux exemples. Il y a
d'ailleurs dans cette recherche, faite uniquement fur les montagnes, tant d'obftacles incalculables; l'air y eft fi fouvent foumis à des
mouvemens dans le fens vertical, qui ont
fur la denfité une action méchanique, fans
qu'il foit poffible d'en mefurer la caufe; il
eft, de plus, fi difficile de connoître l'état
moyen de la colonne d'air qu'on doit regarder
comme comprife entre deux ftations, fouvent très-diftantes l'une de l'autre, & la mefure des états extrêmes eft fi éloignée de
donner cette moyenne, que l'idée de déterminer la loi des denfités de l'air, fuivant fes
différens états, par des expériences immé-
diates, me paroît le feul moyen de débrouiller
tout-à-fait cette partie de la phyfique encore
fort obfcure, & de donner les règles les plus
exactes pour mefurer les hauteurs par le moyen
du baromètre. Les obfervations dans les montagnes, deftinées alors à vérifier une théorie
faite d'avance bien plutôt qu'à l'établir, de-

viendroient, ce me femble, d'une utilité plus fenfible, en même-tems qu'il feroit moins néceffaire
de les multiplier : ou s'il falloit encore con-
fulter quelquefois la nature dans ces folitudes
effrayantes, où elle femble avoir changé de
face, ce feroit principalement pour connoître
de plus en plus, la compofition chimique de
l'air des régions élevées, qui influe beaucoup
fans doute fur fa pefanteur intrinsèque; & ce
genre particulier de recherche expérimentale
ne préfente pas de grandes difficultés. Mais
lorfqu'il feroit queftion d'employer à-la-fois
toutes les efpèces d'obfervations, foit pour
déterminer par les faits le module barométrique, qui convient à une compofition particulière de l'air, foit pour en vérifier la valeur que d'autres moyens auroient donnée,
il faudroit du moins ne pas prendre des flations très-éloignées l'une de l'autre, pour opérer autant qu'il feroit poffible, fur une colonne
d'air foumife dans tous fes points à des circonftances uniformes : & quand il s'agiroit de
faire ufage de la méthode que je fuppofe
établie fur ces fondemens, pour mefurer une
hauteur inconnue, la même confidération in-
diqueroit, ou de choifir des inftans pour lefquels l'état de l'air ne fût pas très - différent
aux deux flations extrêmes, ou de s'affurer

au moins de l'état moyen entr'elles par un
nombre fuffifant d'obfervations intermédiaires.
Avec ces précautions, trop fouvent négligées,
& fans lefquelles la meilleure pratique ne
pourroit pas feulement être d'accord avec
elle-même, je ne puis douter que la méthode
que je propofe, ne donnât fur les hauteurs les
réfultats les plus précis : puifqu'elle tient compte
de tout, il faut bien néceffairement qu'elle foit
jufte. Mais ce n'eft pas le lieu d'entrer à ce fujet
dans un plus grand détail ; je n'avois pour
but que de faire remarquer ici combien la
confidération d'un module barométrique variable peut jetter de fimplicité dans les recherches fur l'atmofphère, & la poffibilité
que j'ai indiquée, d'appliquer à fes grandes
modifications des expériences faites en petit
& dans le calme d'un laboratoire, dérive
fur-tout des propriétés de ce nombre, qui
conferve fans ceffe un rapport intime avec la
denfité intrinfèque de l'air, fans égard au
poids abfolu dont il eft chargé. Je me hâte
donc de terminer cette digreffion, à laquelle
l'importance de la matière m'a entraîné ; &
quoique bien loin encore d'avoir développé
à mon gré les vues nouvelles qu'elle m'a fug-
gérées, je reviens à l'objet immédiat de la
recherche actuelle, c'eft-à-dire, à la détermination

mination du module barométrique conſtant,
qu'il convient d'adopter, pour la portion de
l'atmoſphère dans laquelle le Ballon aéroſtatique s'eſt élevé.

Il ſembleroit, par ce qui précède, que la
loi uniforme des denſités en progreſſion géométrique ſe trouveroit totalement détruite, &
que la détermination d'un module barométrique conſtant, deviendroit par conſéquent
tout-à-fait illuſoire ; mais il faut faire attention que toutes les conſidérations que j'ai
expoſées ſur la variation de ce module &
ſur les moyens de la connoître, ne tendent
qu'à conduire la meſure des hauteurs à un
degré extrême de préciſion, dont elle n'eſt
pas même très-éloignée aujourd'hui, les cauſes
irrégulières dont j'ai fait l'énumération n'appor-
tant ſouvent que des erreurs médiocres, même
ſur des hauteurs aſſez conſidérables. Je rap-
pellerai d'ailleurs, ce que j'ai déjà dit plus
haut, que le mobile que nous avons à con-
ſidérer, s'étant élevé dans un air libre, il y a
encore moins de variations à ſuppoſer dans
ce cas particulier ; & au ſurplus quand on en
ſoupçonneroit de plus grandes, les moyens ne
manquent-ils pas totalement pour les prévoir
& en tenir compte? Ce qu'il y a de plus ſûr
& de ſeul praticable dans le cas preſent, eſt

H

donc d'affigner une valeur à ce nombre que j'ai
nommé module barométrique, fauf à ne la regarder que comme une valeur moyenne entre
toutes celles qu'il pourroit avoir à différentes
élévations : & tout nous porte à croire que les
limites entre lefquelles cette moyenne doit
être prife, n'ont pas une grande latitude.

C'eft donc en confultant les réfultats connus,
& à l'aide des rapports établis par l'expérience
entre les hauteurs du baromètre & les élévations réelles, que nous devons déterminer le
nombre dont il s'agit ; & il eft naturel de
donner d'abord la préférence au recueil d'obfervations qui préfente à cet égard le plus
de régularité. Or, c'eft fans contredit le travail des académiciens françois dans la partie
élevée de la cordillière des andes du Pérou,
qui jouit le mieux de cette uniformité. La
température prefqu'invariable dans ces climats,
& l'immobilité du baromètre lui - même, y
laiffent à la loi théorique un empire abfolu ;
& fi en étudiant les nombreufes obfervations
que je cite, on effaye de faire pour chacune
l'opération arithmétique d'où dépend le module barométrique, on eft frappé d'en voir
toujours réfulter le même quotient : les hauteurs étant exprimées en toifes, ce nombre
eft à - peu - près égal à la fraction décimale

0,0001035; la règle même de M. Bouguer,
qui confifte à diminuer d'un trentième ce que
donne la différence des logarithmes de deux
hauteurs du baromètre, confidérée comme
des millièmes de toifes, cette règle qu'on doit
regarder comme le réfumé de toutes ces obfervations, étant ramenée à l'admiffion d'un
module barométrique particulier, donne précifément le même réfultat, à moins d'une
unité près du dernier ordre de décimales.

Mais il eft à propos d'obferver que la différence des climats peut bien apporter dans
celui-ci quelque changement à ce nombre;
la température de l'air, néceffairement moins
froide dans des montagnes où laligne des neiges
éternelles eft de 900 toifes plus élevée qu'en
Europe, fuppofe naturellement la denfité
moyenne de l'air un peu moindre, & le
module barométrique trop foible, par conféquent, pour être admis dans la queftion
préfente. Cette confidération m'a engagé à
parcourir auffi un grand nombre d'obfervations faites dans les Alpes, & en particulier
celles que M. de Sauffure a faites en 1781,
dans la même faifon où l'expérience du Champ
de Mars a eu lieu. Quoique j'aie trouvé dans
cette comparaifon, des variations affez fortes
entre les réfultats, j'ai vu que le terme moyen

du module barométrique pouvoit être à-peu-
près égal à la fraction 0,0001041 : valeur un
peu plus forte en effet que celle qui se déduit des observations du Pérou; mais qui ne
s'en écarte pourtant pas assez pour faire une
différence de plus de 6 toises sur une hauteur absolue de 1000. C'est à cette détermination que j'ai cru devoir m'arrêter, comme
à la moyenne la plus vraisemblable, & les observations multipliées de M. de Luc dans la
montagne de Salève, que j'ai encore discu-
tées avec soin, m'ont donné aussi souvent des résultats au-dessus, qu'au-dessous de ce nombre.

Multipliant donc une hauteur quelconque,
exprimée en toises, par la fraction constante
0,00010140, nous aurons pour résultat la différence qu'on trouveroit entre les logarithmes
des hauteurs du baromètre aux deux extrêmités de cette ligne, si l'on pouvoit y porter cet
instrument; & par conséquent, le rapport des
densités de l'air à ces deux points. Comptant
donc toutes les élévations d'un point fixe pris
sur le sol même, on aura pour chacune le rapport de la dilatation de l'air à cette hauteur,
avec la densité de celui qui avoisine le terrein.

Cette densité de l'air à la surface de la terre,
doit donc encore être déterminée, puisqu'elle
sert d'échelle commune à toutes les autres, &

c'eſt encore du module barométrique que nous
allons tirer cette détermination : car il ſeroit bien
peu certain ſans doute de compter à cet égard
ſur les évaluations courantes, qui ne ſont tout
au plus que des approximations groſſières, ni
ſur les réſultats obtenus en peſant des vaſes
alternativement vuides & pleins d'air. Sans
parler des variations qui ſurviennent ſans ceſſe
à la denſité du fluide que nous conſidérons,
le poids des vaſes contenans, étant toujours
incomparablement plus grand que celui de
l'air qu'ils renferment, cette dernière méthode
eſt néceſſairement expoſée à des erreurs du
même ordre que le réſultat lui-même : & le peu
d'accord qui règne entre les déterminations
que divers phyſiciens ont publiées, d'après des
expériences de ce genre, montre aſſez qu'il
faut employer quelqu'eſpèce de recherche plus
directe & ſur-tout plus intimement liée avec
les principes que nous avons ſuivis juſqu'ici.
Dès-lors en effet que nous avons adopté l'hy-
pothèſe d'un module barométrique conſtant,
il faut la ſuivre dans toutes ſes conſéquences,
& l'on va voir que la denſité de l'air à la ſurface
de la terre, ſe trouve déterminée par la valeur
admiſe pour le module barométrique, jointe à
la hauteur réelle du baromètre, qui, le jour de
l'expérience dont il s'agit, ſe tenoit à 28$^{r..}$ 1$^{li.}$ ⸵.

H iij

(118)

Qu'on imagine pour cela, fuivant le raifonnement de M. de Luc & de quelques
auteurs plus anciens, une élévation telle que
le baromètre s'y foutienne plus' bas qu'à la
furface de la terre, d'une quantité quelconque extrêmement petite, comme par exemple, d'une ligne : cette hauteur fera l'épaiffeur
d'une couche d'air dont le poids, fouftrait
de celui de l'atmofphère, donneroit lieu à
cette petite defcente du baromètre. Ce poids
fera donc égal à celui d'une ligne de mercure, &, fuivant les loix de l'hydroftatique,
la denfité de la tranche d'air, fenfiblement la
même dans tous fes points, fera, relativement à celle du fluide pefant qui lui fait équilibre, dans le rapport inverfe des hauteurs
que nous venons de confidérer. Connoiffant
donc la pefanteur fpécifique du mercure, on
aura facilement celle de l'air lui-même. Cette
méthode réduite en calcul, d'après la fraction
0,0001041, prife pour module barometrique,
indique que pour voir le baromètre une ligne
plus bas qu'au niveau du terrein, c'eft-à-dire,
à 28$^{po.}$ 0$^{li.}$ $\frac{1}{2}$, il auroit fallu s'élever de 12,3823
toifes ou de 74,2938$^{pi.}$ (1) : hauteur d'air qui

---

(1) Les logarithmes de 28$^{po.}$ 1$^{li.}$ $\frac{1}{2}$ & 28$^{po.}$ 0$^{li.}$ $\frac{1}{2}$, ces
hauteurs du baromètre étant réduites en lignes, font

doit par conféquent faire équilibre à une ligne de mercure.

Il ne s'agit donc plus que de la pefanteur fpécifique que nous devons attribuer au mercure lui-même ; & il faut convenir que pour l'ufage que nous en devons faire, cette détermination demanderoit les expériences les plus délicates. Mais tant que ce travail intéreffant manquera encore à la phyfique, il faudra toujours en revenir aux tables de pefanteurs fpécifiques, données par les auteurs le plus en réputation d'exactitude ; & je trouve, en parcourant ces tables, que pour le mercure révivifié du cinabre, qu'on emploie ordinairement dans les baromctres, & dont l'ébullition, neceffaire à la perfection de cet inftrument, augmente encore la denfité, en chaffant les parcelles d'air & d'humidité qui fe trouvent interpofées dans ce fluide, on ne peut porter fa pefanteur fpécifique à moins de 13,996, celle de l'eau étant exprimée par 1. Divifant donc cette expreffion par le nombre de lignes contenues dans 74,2938 pieds, on aura la

---

2,528274 & 2,526985, dont la différence eft 0,001289. Divifant donc cette différence par 0,0001041, que nous avons pris pour module barométrique, on aura le nombre de toifes de la hauteur qu'on cherche, égal à 12,3823.

H iv

pefanteur fpécifique de l'air égale a 0,001308 : réfultat qu'une marche plus rigoureufe porte à 0,00131 (1). Cette formule différemment traduite, revient à dire que dans la queftion préfente, & pour la hauteur du baromètre ci-deffus mentionnée, nous devons confidérer la pefanteur fpécifique de l'air à la furface de la terre, comme étant à-peu-près $\frac{1}{765}$ partie de celle de l'eau, & le pied cube d'air pefant à-peu-près 840 grains. Cette valeur de la denfité primitive de l'air étant donc fubftituée dans l'expreffion générale que nous avons trouvée pour une hauteur quelconque, il ne refte plus rien à déterminer à cet égard, & la denfité de l'air fe trouve maintenant connue à quelqu'élévation que ce foit.

Je fais que ce réfultat paroîtra un peu fort,

---

(1) Tout ce raifonnement n'eft en effet que l'expreffion groffiere de celui duquel nous avons déduit ci-devant la formule $\varphi = \omega \times \dfrac{c}{a} \times m$, qui exprime la denfité de l'air. Faifant, dans cette expreffion, ω, denfité du mercure $= 13,996$; a, foutangente du fyfteme des logarithmes erdinaires $= 0,434294$; m, module barométrique $= 0,0001041$; & c hauteur du baromètre $= 28^{\text{po.}} 1^{\text{li.}} \frac{1}{2} = 0,3906$ toifes, on aura $\varphi = 0,001310$; expreffion dans laquelle une unité du dernier ordre ne feroit pas un grain de différence fur le poids du pied cube d'air.

& je conviens qu'étant pris à la lettre, il s'éloigne a un certain point de ce que l'opinion générale, plutôt qu'une détermination rigoureuse, a confacré depuis long-tems ; mais il faut faire attention, que l'objet actuel étant d'établir pour l'évaluation des denfités de l'air à toutes fortes de hauteurs, une forte de loi moyenne, dont les différences, par rapport à la loi réelle & inconnue, fe compenfent fur une certaine étendue ; il ne feroit pas étonnant qu'en l'appliquant à un cas extrême, tel que celui de l'air pris au point le plus bas de l'atmofphère, elle ne donnat pas rigoureufement la valeur propre à ce cas particulier. J'ajouterai que cela eſt même néceffaire, & que plus le module barométrique peut s'écarter dans certains cas du nombre conſtant par lequel nous l'avons repréfenté , plus auſſi l'erreur que nous foupçonnons doit être confidérable , pour que la fomme des erreurs foit la moindre poſſible, ou même tout-à-fait nulle : & il eſt aifé de démontrer que la valeur que nous avons trouvée pour la denfité primitive, eſt préciſément celle qui convient à l'objet de cette confidération (1). L'erreur

_____

(1) Il faut en effet que l'hypothèfe admife ne change pas la fomme des poids de toutes les tranches de l'at-

réelle dont cette détermination peut être fufceptible, eft donc tout-à-fait indifférente pour
l'ufage que nous avons à en faire. Mais comme
il nous refte encore une donnée bien effentielle à connoître en rigueur ; favoir, le poids
abfolu du mobile dont nous voulons calculer
la marche, & que la détermination de ce
poids dépend uniquement de celui de l'air
que déplaçoit le Globe, quand il tendoit à
s'élever avec une force de 35 livres, feule

mofphère, & qu'en l'employant pour déterminer cette
fomme, elle fe trouve egale au poids de la colonne de
mercure, qui étoit foutenue parla preffion de l'air, d'a-
près l'obfervation qui en a été faite. Or, D étant la
denfité primitive, que nous fuppoferons encore inconnue, une denfité quelconque fera, comme nous avons vu,
$\varphi = \dfrac{D}{(10)^{ms}}$; & l'expreffion $\int (\varphi \, ds)$ repréfentera la
fomme des poids de toutes les tranches; $\mathcal{C}$ étant donc
toujours la hauteur du baromètre, & ω la denfité du
mercure, on aura par conféquent $\int (\varphi \, ds) = \omega \mathcal{C}$; mais
en réalifant, par l'intégration, la formule $\int (\varphi \, ds)$,
après avoir mis pour φ fa valeur, déterminant la conftante
de manière que l'intégrale s'évanouiffe, quand $\int = 0$ &
la complettant quand $\int = \infty$, on trouvera $\int (\varphi \, ds) =$
$\dfrac{aD}{m}$; donc $\dfrac{aD}{m} = \omega \mathcal{C}$ & $D = \dfrac{\omega \mathcal{C} m}{a}$; valeur de la denfité primitive, qui revient précifément à celle que nous
avons ci-deffus déterminée par une autre voie.

(123)

donnée que nous ayions à cet égard, cette matière va demander encore un examen ultérieur.

Ce n'eſt donc plus en comparant des obſervations faites à toutes ſortes de hauteurs, que nous avons à chercher l'état moyen de l'air, pour aſſigner quel eſt le module barométrique qui conviendroit le mieux à toute l'étendue de la courſe du Globe aéroſtatique; c'eſt de la denſité de l'air à la ſurface de la terre que nous avons ſpécialement beſoin, & ce ſont par conſéquent les obſervations faites à de très-petites élévations, que nous devons uniquement conſulter ici ; mais je remarque en même-tems que la moindre erreur eſt bien importante dans des obſervations de ce genre, & qu'une variation du baromètre preſqu'inſenſible à l'œil le plus exercé, peut apporter alors des différences notables au réſultat que nous cherchons. Je ne ferai donc point uſage des obſervations en petit nombre, faites à Turin par M. de Luc, tant au ſommet qu'au pied, de la tour de la Cathédrale, & du dôme de l'égliſe de Supergue; celles qu'il a faites au fanal de Gênes, quoique plus multipliées, ne me paroiſſent pas non plus devoir être employées ici ; à raiſon de la chaleur aſſez conſidérable qu'il faiſoit alors, & de la ſituation du lieu ſur le bord de la mer : ces caufes réunies ont dû mettre l'air dans un état de faturation complette par rapport à l'humidité, indépendamment de l'effet de la température feule fur la denfité de ce fluide ; & fa pefanteur, confidérablement diminuée ainfi par une double raifon, rendroit auffi beaucoup trop foible le module barométrique qu'on voudroit en conclure. Mais j'ai penfé que 87 obfervations, faites pendant une année entière au clocher de S. Pierre de Genève, réuniffoient, par leur nombre & par la diverfité des circonftances où elles ont eu lieu, toutes les conditions que l'on doit défirer ici. Or, la moyenne de ces obfervations, que M. de Luc nous·a donnée lui-même, fournit précifément le même module barométrique que nous avons adopté ci-devant, jufqu'à la dernière figure décimale (1).

---

(1) Cet accord fingulier mérite d'être plus particulierement expofé ici. On trouve en effet au fecond volume de l'immortel ouvrage de M. de Luc fur les modifications de l'atmofphère, pages 138 & 139, que les hauteurs moyennes du baromètre au fommet du clocher de S. Pierre de Genève, & au niveau du terrein, dans un endroit peu diftant de cette églife, ont été, fur 87 obfervations, de 321,2 lignes, & 323,9 lignes. Les logarithmes de ces nombres font 2,506776 &

La denfité de l'air à la furface de la terre
paroît donc devoir être admife, telle que nous
l'avons établie ci-devant, au moins pour la
température moyenne de 9 ½ degrés du thermomètre ordinaire, que M. de Luc a trouvée
tenant le milieu entre toutes celles qu'il a
obfervées pendant le cours de ces expériences.
Il eft encore à préfumer que c'eft à l'état
moyen de l'air, relativement à l'humidité, que
cette détermination doit convenir, puifque les
obfervations que nous venons de citer, ont
été faites dans toutes les faifons de l'année ; &
fi l'on comptoit même pour quelque chofe le
voifinage d'un amas d'eaux, tel que le lac de
Genève, on pencheroit plutôt à y fuppofer

2,510411 ; & leur différence eft 0,003635. Divifant
donc cette différence par celle de niveau des deux
lieux d'obfervation, que M. de Luc a trouvée, d'après
une mefure très-exacte, de 209 ᵖⁱ· 6 ᵖᵒ·, ou 34,916 ᵗᵒ·,
on aura le module barométrique égal à 0,00010410 ; valeur qui étant pouffée comme on voit à une décimale
de plus que celle que nous avons adoptée ci-deffus,
quadre cependant rigoureufement avec elle. Une telle
conformité avec un cas où l'air étoit fi voifin du
tempéré, montre encore que cette valeur convient parfaitement à l'ufage pour lequel nous l'avons d'abord déterminée, & qu'elle exprime très-exactement l'état moyen
le plus probable de l'atmofphère.

l'air plus voifin de l'humidité extrêmè que de la féchereffe, & cette confidération conduiroit à faire regarder l'évaluation de la denfité de l'air qui dérive de ces expériences, comme encore un peu trop foible pour les circonftances ordinaires. Il paroît réfulter de cet examen fcrupuleux de la denfité de l'air, qu'en ne la portant qu'à $\frac{1}{850}$ ou même à $\frac{1}{200}$ partie de celle de l'eau, on l'a toujours crue trop foible : ou il faudroit une erreur étrange fur la denfité du mercure lui-même, dans la valeur que nous lui avons attribuée.

Si l'on admet donc le réfultat que nous avons trouvé pour la denfité de l'air atmofphérique, la détermination du poids abfolu du Ballon aéroftatique va devenir bien fimple. Etabliffons-en pour cela les dimenfions, d'après la mefure & les renfeignemens qu'en ont donnés MM. Robert, avec autant de précifion fans doute qu'ils en ont mis à l'exécution meme de la Machine. Pour la commodité du calcul, les fractions feront exprimées en décimales.

Diamètre du Ballon 12$^{pi.}$ 2$^{po.}$
ou . . . . 12,166$^{pi.}$
Circonférence . . . . 38,222$^{pi.}$
Superficie d'un grand cercle du
   Globe . . . . 116,260$^{pi.\ quar.}$
Surface entière du Globe . . . . . 465,041$^{pi.\ quar.}$

Solidité . . . . 943,041 Fi.cub.
Poids d'un volume d'eau égal à
celui du Ballon, le pied cube
d'eau pefant 70 ℔ . . . . .66012,917 l.
Poids du volume d'air déplacé
par le Ballon, la denfité de
l'eau étant repréfentée par 1 &
celle de l'air par 0,00131 . .. 86,477 l.
Poids des matériaux du Ballon,
non compris le gaz qu'il ren-
fermoit . . . . 25,000 l.
Excès de légèreté du Ballon,
un inftant avant fon départ 35,000 l.

Connoiffant donc maintenant le poids de
l'air atmofphérique que le Ballon déplaçoit,
c'eft-à-dire, la force abfolue qui tendoit à le
foulever, nous en déduirons bien facilement
le poids réel de la Machine, puifqu'ajouté
aux 35 ℔ qu'il falloit pour la maintenir en
équilibre, il doit être égal à la force que
nous venons de déterminer. Ce poids total,
qui comprend, & celui des matériaux du Ballon, & celui du gaz qu'il contenoit, fe trouve
par ce moyen de 51,477 l.

Souftrayant donc encore de ce nombre le
poids des matériaux du Globe, qui étoit de
25 livres, on aura à part celui du gaz lui-même,
ou plutôt du mélange de gaz inflammable &

d'air ordinaire qui rempliſſoit cette Machine,
& il ſe trouvera de 26,477 livres : nombre
qui, par ſa comparaiſon avec le poids d'un pareil volume d'air atmoſpérique, que nous avons
déterminé de 86,477 livres, indique le rapport
des peſanteurs ſpecifiques des deux airs, &
montre qu'il y a beaucoup à rabattre ſur l'o-
pinion que l'on avoit de la légèreté du gaz intérieur, puiſque ſon poids eſt preſque le tiers
de celui de l'air ordinaire.

On pourroit mettre plus de rigueur encore
à l'appréciation de ces différens poids, en
faiſant entrer la température réelle de l'air
dans la détermination de ſa denſité : celle que
nous avons admiſe, convient, comme on l'a
vu, à une chaleur moyenne de 9 $\frac{1}{2}$ degrés,
c'eſt-à-dire, à-peu-près au tempéré ; au-lieu
qu'en conſultant le journal de Paris, on trouve
que le 27 Août, le thermomètre ſe tenoit à
18 degrés : c'eſt une circonſtance qui doit
ſans doute influer ſur la denſité de l'air, &
il ſeroit intéreſſant de ſavoir juſqu'à quel point.
Nous n'avons cependant pas d'obſervations
particulières à conſulter pour cette température, ou s'il falloit parcourir & calculer pour
cet objet, le recueil entier des obſervations
de M. de Luc, ce ſeroit un travail tout auſſi
conſidérable, que celui qu'il a eu le courage
d'entreprendre

(129)

d'entreprendre & d'exécuter. Mais il nous l'a
épargné lui-même, & sa règle de correction pour
le calcul des hauteurs, qui en est le résultat, indi-
quant, pour chaque température, le rapport qui
se trouve entre la différence des logarithmes & la
différence de niveau, nous fournit une formule
générale, pour calculer le module barométrique, & par conséquent, la densité de l'air (1).
Appliquée au cas présent, cette formule donne

_____

(1) Cette application du travail de M. de Luc à
un objet aussi intéressant pour la physique, que l'est la
détermination de la densité de l'air, à toutes sortes
de températures, mérite, ce me semble, d'être développée
ici : mais comme la règle dont nous nous appuyons est
fondée sur une graduation particulière du thermomètre,
il faut montrer d'abord le rapport de cette échelle à
celle qui est connue & usitée.

	Echelle du thermomètre ordinaire.	Echelle du thermomètre de M. de Luc.
Terme de la congélation............	0	—39
Température pour laquelle la différence des logarithmes donne immédiatement les hauteurs........	16¼	0
Terme de l'eau bouillante..........	80	147

Il résulte de cette comparaison des deux échelles, que
si l'on nomme r, le degré marqué pour une température
quelconque, par le thermomètre ordinaire, & c, le degré correspondant du thermomètre de M. de Luc, on aura,

I

le module barométrique égal à 0,00009942, &
la denſité de l'air ſous la preſſion de 28 pouces
1 ligne $\frac{1}{2}$ de mercure, de 0,00125. Calculant

$$c = 39 \times \left(\frac{r}{16\frac{3}{4}} - 1\right) = \frac{39(4r - 67)}{67}; \text{ cela poſé, la règle}$$

de M. de Luc exprimée algébriquement par lui-même,
p. 100 du II volume de ſon ouvrage, fournit la formule
ſuivante : $h = b + \dfrac{b \times 2c}{1000}$, dans laquelle h eſt la différence
de niveau de deux ſtations quelconques, b la différence
des logarithmes des deux hauteurs du baromètre, conſi-
dérée comme des millièmes de toiſe, & c le degré de
ſon thermomètre, qui exprime la température de l'air.
Or, les logarithmes étant pris par cet auteur, avec
ſept figures décimales, & leur différence regardée
comme exprimant des millièmes de toiſe, pour former
le nombre b, il en réſulte que, ſi l'on nomme d, la
vraie différence des logarithmes, on aura $b = d \times 10000$;
mettant donc pour b & pour c, leurs valeurs dans
l'équation de M. de Luc, elle deviendra : $h = d \times$
$\left\{ \dfrac{670000 + 780 \times (4r - 67)}{67} \right\}$; & comme le module barométrique eſt égal à $\dfrac{d}{h}$, en le nommant m, on aura $m' =$
$\dfrac{67}{670000 + 780 \times (4r - 67)}$; valeur, qui, ſubſtituée dans celle
de la denſité de l'air que nous avons trouvée être $\varphi =$
$\dfrac{\varpi \varsigma m}{a}$, donne : $\varphi = \dfrac{\varpi \varsigma}{a} \times \left\{ \dfrac{67}{670000 + 780 \times (4r - 67)} \right\}$; expreſſion dans laquelle ϖ eſt la denſité du mercure, ς la

donc de nouveau les poids déterminés ci-devant, nous trouverons celui de l'air deplacé
par le Ballon, réduit à 82,516 livres, le poids

---

hauteur du baromètre, *a* la foutangente du fyftéme des
logarithmes ordinaires, & *r* le degré du thermomètre
qui convient à la température. Cette formule donne
donc la denfité de l'air, dans tous fes états poffibles de
preffion & de chaleur, au moins entre les bornes des
températures naturelles.

Cette formule au refte, dépendant entièrement de la
généralité de la règle de M. de Luc, eft expofée aux
mêmes erreurs : fi, par exemple, on la rapporte au cas où la
température eft au terme de 9 ½ degrés, qui convient aux
obfervations faites à Saint-Pierre de Genève, elle donnera
le module barométrique, un peu plus foible que ces obfervations ne l'ont fourni directement. Cela vient de ce
que la règle dont il s'agit, réfultant à la fois d'obfervations faites à toutes fortes de hauteurs, fe fent un
peu de la nature de l'air des régions fupérieures, toujours plus chargé d'humidité, & fur - tout contenant
une plus grande proportion d'air inflammable. Il auroit fallu tenir compte à part de ces circonftances,
mieux connues aujourd'hui, pour établir une règle
générale & rigoureufe ; mais ces imperfections n'em-
péchent pas que le travail de M. de Luc ne foit un
des plus beaux morceaux de *phyfique exacte*, qui
aient paru depuis long-tems ; & d'ailleurs les erreurs
de fa règle, quelquefois affez fenfibles, quand il s'agit de
mefurer des hauteurs confidérables, font de peu d'importance fur le réfultat auquel nous avons voulu l'appliquer.

Il réfulte des formules établies ci-devant que, pour

abſolu du Ballon lui-même, de 47,516 livres
& le poids du gaz contenu, de 22,516 livres.
Ces différens poids ſont donc affectés d'une
diminution d'environ 4 livres, & quant aux
peſanteurs comparées des deux airs, quoiqu'elles ſoient diminuées l'une & l'autre de la
même quantité, leur rapport a cependant un
peu varié lui-même; mais le mélange de gaz
inflammable & d'air atmoſphérique, qui rempliſſoit le Ballon, ſe trouve toujours plus
peſant que le quart d'un pareil volume d'air
extérieur (1).

───────────────

la température de 18 degrés, qui eſt celle du cas que
nous traitons, le module barométrique eſt à-peu-près
égal à 0,00009942, & d'après la hauteur du baromètre
obſervée de 28 pouces 1 ½ ligne, ou de 0,3906 toiſes, la denſité de l'air étoit 0,001251.

(1) Il paroît, par le rapport de peſanteur établi
ici entre les deux airs, que l'air atmoſphérique introduit
dans le Ballon, avec un ſoufflet, quelque tems avant
ſon départ, n'eſt pas ce qui a le plus contribué à augmenter le poids du fluide aériforme, que contenoit la
Machine : car, j'ai oui dire à M. Robert lui-même,
qu'il n'y avoit eu que 16 pieds cubes d'air introduits
de cette manière ; au lieu qu'en conſidérant le rapport
qui vient d'être déterminé, & s'autoriſant des expériences extrêmement préciſes, qui aſſignent à l'air inflammable pur la huitième partie au plus, du poids de

Il paroîtroit donc plus exact de préférer le
réfultat déterminé en dernier lieu pour le poids
abfolu de la Machine aéroftatique ; mais une
nouvelle fource d'incertitude, qui tient aux
circonftances conjurées pour jetter de l'obf-
curité fur toutes les parties de l'expérience
que nous examinons, femble devoir décon-
certer entiérement le plan d'exactitude dans
lequel nous cherchons à faire cet examen :
il pleuvoit en effet quand le Ballon s'eft élevé,
& cette pluie a dû produire fur fon mouve-

---

l'air ordinaire, on trouve que la Machine aéroftatique
auroit dû contenir au moins 159 pieds cubes d'air atmofphérique, fur 784 d'air inflammable. C'eft donc
aux imperfections inévitables de la manœuvre, par laquelle la Machine a été remplie, peut-être auffi à l'air
fixe & à l'air acide fulfureux , qui fe feront dégagés
en même-tems que l'air inflammable, qu'il faut attribuer la pefanteur inattendue du gaz qui a fervi à cette
expérience. Il faut d'ailleurs mettre une partie du poids,
dont la détermination donne lieu à ces réflexions, fur
le compte de l'eau & même de la limaille de fer,
que l'effervefcence violente du mélange a portées jufques dans le Ballon , & alors le gaz lui-même deve-
nant plus léger d'autant, il paroît qu'on peut eftimer
fa pefanteur fpécifique, au quart de celle de l'air extérieur. C'eft donc ce rapport que nous admettrons par
la fuite.

ment deux effets prefqu'incalculables ; le premier en lui oppofant une réfiftance de plus
par le choc des gouttes d'eau qui le frap-
poient ; l'autre en mouillant le mobile d'une
couche d'eau qui ajoutoit d'autant plus à fon
poids, que fa furface étoit plus confidérable.
Cherchons cependant à nous faire au moins
une idée groffiere de la maniere d'agir de
cette caufe accidentelle.

M. Jeaurat, qui fait régulièrement les obfervations météorologiques, dont l'ufage eft
depuis long-temps établi à l'Obfervatoire royal,
m'ayant communiqué fon journal, j'y trouve
que la pluie dont il s'agit a fourni deux
lignes neuf dixiémes d'eau, effet qui a eté
produit pendant une demi-heure à-peu-près
qu'a duré cette pluie, & qui fait voir, quand
on ne le fauroit pas d'ailleurs, qu'elle a été
confidérable. Si l'on confidère maintenant cette
pluie comme également difféminée dans l'atmofphère, & y formant une forte de fluide
rare, dont le mouvement vers la terre y ac-
cumuloit fucceffivement la quantité d'eau qui
a été mefurée ; & fi l'on calcule à-peu-près
la vîteffe avec laquelle ce fluide defcendoit,
on aura l'épaiffeur totale de la maffe de pluie
qui a été néceffaire pour produire les 2, 9
lignes d'eau, & par conféquent le rapport

de la denfité de ce fluide rare avec celle de l'eau elle-même : nous verrons par-là fi la réfiftance, que la pluie apportoit au mouvement du Ballon, mérite d'entrer en confidération. Or, on peut évaluer la vîteffe defcenfionelle d'une pluie de moyenne groffeur entre 23 $\frac{1}{2}$ & 29 pieds par feconde (1). Mul-

------

(1) Soit d le diamètre d'une goutte de pluie, que nous fuppoferons fphérique, π le rapport de la circonférence au diamètre, δ la pefanteur fpécifique de l'eau, le poids de cette goutte de pluie fera $\dfrac{\pi d^3 \delta}{6}$; fi l'on nomme u fa vîteffe difcenfionelle, g la vîteffe imprimée par la pefanteur en une feconde, φ la denfité de l'air, & qu'on adopte fur la réfiftance de l'air, les hypothèfes reçues ; favoir, que contre une furface plane, elle eft égale au poids d'une colonne d'air de même bafe, dont la hauteur feroit double de celle due à la vîteffe, & que contre une fphère, elle eft les deux cinquièmes de celle qui auroit lieu contre le grand cercle, on aura la réfiftance de l'air contre la goutte d'eau, égale à $\dfrac{\pi d^2 u^2 \varphi}{10 g}$. Cela pofé, la defcente d'un corps grave dans l'atmofphère, s'accélérant jufqu'à ce que la réfiftance de l'air devienne précifément égale à fon poids, il doit bientôt prendre une vîteffe uniforme, telle que cette égalité ait lieu ; on doit donc avoir l'équation $\dfrac{\pi d^3 \delta}{6} = \dfrac{\pi d^2 u^2 \varphi}{10 g}$; d'où l'on tire $u^2 = \dfrac{5 g d \delta}{3 \varphi}$. Or, on

tipliant donc le plus petit de ces deux termes par le nombre de fecondes contenues
dans une demi - heure, on aura l'épaiffeur
de la maffe de pluie qu'il a fallu pour produire 2, 9 lignes d'eau, de quarante - deux
mille trois cens pieds au moins. La denfité
du fluide rare que la pluie formoit dans l'atmofphère, étoit donc à celle de l'eau dans
le rapport exceffivement petit de 2, 9 lignes
à 42300 pieds, & fe trouve exprimée
par la fraction 0,000000476; ce qui donne
cette denfité plus de deux mille fix cens fois
moindre que celle que nous avons trouvée
dernièrement pour l'air lui-même. Il réfulte
de ce calcul que le choc des gouttes de pluie
fur le Globe aéroftatique, n'a pu occafionner
à fon mouvement la plus légere différence;
mais il n'en eft pas de même de l'augmen-

---

a $g = 30,2$ pieds; $\iota = 1$; $\varphi = 0,00125$; & quant au
diamètre d'une goutte de pluie, qui eft repréfenté par d,
nous le fuppoferons de 2 lignes ou $\frac{1}{72}$ de pied. Sub-
ftituant ces valeurs dans l'équation ci-deffus, on aura
$u^2 = 259,2592$; & $u = 23,64$ pieds. Si l'on prenoit
$d = 3$ lignes ou $\frac{1}{48}$ de pied, on trouveroit $u^2 = 838,8888$, & $u = 28,96$ pieds. C'eft donc aux environs
de ces deux termes, qu'il faut prendre la viteffe def-
cenfionellé d'une pluie qui n'eft pas très-menue.

tation de poids qu'il a reçue de la part de l'eau
dont il s'eſt chargé.

Il ſeroit difficile de ſavoir au juſte combien
de temps le Ballon eſt reſté expoſé à la pluie,
avant de s'élever au-deſſus du nuage qui la
fourniſſoit : mais, en conſultant le journal
de M. d'Agelet, on trouve que la pluie s'eſt
fait ſentir à 5 heures 4$^{m\cdot}$ 53$^{ſ\cdot}$, 10$^{ſ\cdot}$ environ
avant l'occultation du Globe, qui a été revu
enſuite à 5 heures 7$^{m\cdot}$, ſous un angle de trente-
trois degrés. C'eſt donc dans cet intervalle de
2$^{m\cdot}$ 7$^{ſ\cdot}$, au bout duquel le mobile étoit évidemment ſorti du nuage, qu'il faut chercher
le tems pendant lequel il a éprouvé la pluie.
Or ſi l'on fait attention qu'au moment où le
mobile ayant traverſé le nuage entier, a quitté
ſa ſurface ſupérieure, ce rideau épais devoit encore le dérober à nos yeux, & qu'il a fallu quelque temps pour que ſon aſcenſion continuee,
jointe au mouvement progreſſif de cette maſſe
de vapeurs, ſuivant la direction du vent, per-
mît enfin à l'obſervateur de découvrir obliquement le Globe par-deſſus la queue du nuage,
on verra qu'il y a beaucoup à réduire ſur le
court eſpace de temps que nous venons de
trouver, & que le Ballon avoit peut-être
abandonné la pluie depuis un grand nombre
de ſecondes quand M. d'Agelet l'a revu. Con-

(138)

fidérant donc encore qu'il recevoit d'autant moins d'eau, qu'il pénétroit plus avant dans le nuage, puifqu'il laiffoit fucceffivement au-deffous de lui les vapeurs qui la fourniffoient, & qu'on trouve, en cherchant à calculer à-peu-près cette diminution fucceffive, qu'elle peut réduire la quantité totale de pluie dont le Ballon s'eft chargé, à la moitié de celle qu'il auroit reçue, s'il eût été immobile (1); on pourra

(1) Soit e l'épaiffeur du nuage, T le tems employé à le traverfer, u la vîteffe afcenfionelle, que nous fuppoferons conftante, m la maffe d'eau que le Ballon auroit reçue pendant le tems T, s'il eût été immobile; μ celle qu'il a reçue réellement, x la portion de l'épaiffeur du nuage traverfée après une partie quelconque du tems T, dt l'élément du tems; $e-x$ fera l'épaiffeur de la partie du nuage fupérieure au Ballon, à l'inftant que nous confidérons. Si donc on regarde les quantités de pluie, fournies en même-tems par les différentes couches du nuage, comme proportionnelles à leur épaiffeur, on aura celle que le Globe a reçue pendant l'élément du tems, ou $d\mu = \dfrac{m(e-x)dt}{eT}$; & mettant pour dt, fa valeur $\dfrac{dx}{u}$; $d\mu = \dfrac{m(e-x)dx}{eTu}$; intégrant donc, déterminant la conftante de manière que $x=0$ donne $\mu=0$, & que l'intégrale foit complette, quand $x=e$, on aura $\mu = \dfrac{me}{2Tu}$, & à caufe de $Tu=e$, $\mu=\dfrac{m}{2}$: quantité, moitié moindre que m, ainfi qu'on l'a fuppofé.

tout au plus eſtimer le poids ajouté ainſi au Ballon, comme s'il fut reſté une minute expoſé à la pluie qui tomboit ſur la terre : intervalle trente fois moindre que la durée totale, & pendant lequel il a dû par conſéquent tomber tout au plus un dixiéme de ligne d'eau. Le Ballon en ayant donc reçu autant que l'eſpace de terrein qu'il couvroit à chaque inſtant, le ſolide d'eau dont il s'eſt chargé a pour baſe la ſurface même de l'équateur du Globe, que nous avons calculé de 116,26 pieds quarrés, & pour hauteur le dixiéme de ligne dont nous venons de convenir. Ce ſolide ſe trouve égal à la fraction 0,0807 de pied cube, qui, à raiſon de 70 livres par pied cube d'eau, peſe 5,649 livres, ou 5 livres & demie à-peu-près. Voilà ce dont la pluie peut avoir augmenté le poids du Globe aéroſtatique.

Il eſt au reſte inutile de répéter ici que ce calcul n'a pu fournir qu'un apperçu très-groſſier de l'effet dont il s'agit ; & cette augmentation de poids s'étant faite graduellement, il ſeroit encore fort difficile de déterminer en rigueur comment elle a pu influer ſur le mouvement du Globe; mais nous voyons au moins que cette altération ne doit pas être très-ſenſible ſur un poids total d'environ 50

(140)

livres, & qu'elle eſt à-peu-près de même ordre que la différence de 4 l., apportée au calcul de ce poids par les deux déterminations que nous avons ſucceſſivement préſentées ſur la denſité de l'air. Ce ſera donc une maniere approchée de tenir compte de l'effet de la pluie, que d'adopter celle de ces deux évaluations qui augmente le plus la peſanteur du Globe. Nous conſerverons donc nos premieres données, que nous allons rappeller ici.

Module barométrique........0,001041
Denſité de l'air à la ſurface de
    la terre.............0,00131
Poids total du Ballon.....51,477 livres.

Il ne nous manque plus, pour être en état de calculer le mouvement du Globe aéroſtatique, que de convenir de la loi que nous admettrons pour la réſiſtance que l'air a dû lui oppoſer à chaque inſtant, & qui dépend de deux élémens continuellement variables, ſavoir, la denſité de l'air, & la vîteſſe du mobile. Nous ne pouvons à cet égard qu'adopter ce que la théorie & l'expérience ont indiqué de plus conforme à la nature, & ce ſont les hypothèſes ſuivantes.

1°. Que pour une denſité donnée de l'air, la réſiſtance contre une ſurface plane & mobile, eſt à-peu-près égale au poids d'une colonne de ce fluide, de même bafe que la furface dont il s'agit, & d'une hauteur égale au double de celle dont un corps grave devroit tomber pour acquérir la même vîtefle avec laquelle fe meut la furface propofée. 2°. Que contre une fphère, la réfiftance eft égale aux deux cinquiémes de celle qu'éprouveroit le grand cercle, animé de la même vîtefle (1).

---

(1) La première de ces loix fait la réfiftance de l'air proportionelle au quarré de la vîtefle, conformément à la théorie élémentaire ; mais les auteurs ont beaucoup varié fur la quantité abfolue. Celle que nous avons adoptée, fe rapproche le plus de la théorie donnée par M. d'Alembert, dans fon beau Traité des Fluides ; elle a d'ailleurs été confirmée par un grand nombre d'expériences, entr'autres, par celles qu'a faites M. l'abbé Boffut, à Mézières, fur la percuffion des fluides. La feconde hypothèfe que nous adoptons, dépendant de la confidération des chocs obliques, ne fe trouve pas conforme à la théorie ordinaire, qu'on fait être fautive à cet égard ; mais j'ai préféré d'adopter fur le choc des fluides contre les corps fphériques, ce que nous apprennent les expériences très-nombreufes de M. le chevalier de Borda.

Il réfulte de ces hypothèfes, que, φ étant la denfité de l'air, u la vîtefle du Globe, A la furface de fon grand cercle, & g la vîtefle imprimée par la pefanteur en une feconde, on a la réfiftance de l'air exprimée par 70 liv. $\times \dfrac{2 A \varphi u^2}{5 g}$; valeur qui fe trouve mul-

Ce font principalement ces hypothèfes que le travail actuel a pour objet de vérifier, en mettant les réfultats qu'elles fourniront, en comparaifon avec ceux de l'obfervation.

La queftion du mouvement du Globe aéroftatique n'eft donc plus maintenant qu'un problême de calcul dont il nous refte à nous occuper : quoique fort compliquée par les variations qu'éprouvent en même tems la tendance du mobile à monter, & la réfiftance de l'air, elle eft cependant fufceptible d'être extrémement fimplifiée à l'aide de quelques confidérations qui m'ont fervi à éluder les difficultés de l'analyfe. Mais j'ai cru devoir renvoyer ce détail, ainfi que tous ceux de même efpece, dans des notes à part qui n'interrompent point la fuite de cette lettre (1); & je

---

tipliée par le poids d'un pied cube d'eau, parce que la denfité φ eft prife pour le cas où celle de l'eau eft l'unité. Si donc on repréfente la réfiftance de l'air par $b \varphi u^2$, on aura, en mettant pour A & pour g leurs valeurs, $b = 107,791$.

(1) Soit p, le poids abfolu du Ballon, que nous favons être de 51,477 livres; Υ, le poids d'un pareil volume d'eau que nous avons déterminé de 66012,917 l.; φ, la denfité variable de l'air, celle de l'eau étant exprimée par 1; D, la denfité de l'air à la furface de la terre, que nous nous fommes déterminés à prendre

me hâte, Monfieur, d'en venir au point ef-

égale à 0,00131, le baromètre étant à 28 pouc. 1 lig. $\frac{1}{3}$;
u, la vîteffe variable du mobile, exprimée par le nombre de pieds qu'elle peut lui faire parcourir en une
feconde ; b, une conftante telle que l'expreffion générale de la réfiftance de l'air foit $b \varphi u^2$: cette conftante a été déterminée, par la note précédente, égale
à 107,791 ; g, la vîteffe acquife par les corps graves,
pendant la première feconde de leur chûte, qu'on fait
être égale à 30,2 pieds par feconde ; m, le module barométrique, ou le quotient conftant, qu'on doit avoir
en divifant la différence des logarithmes de deux hauteurs du baromètre, pris dans les tables ordinaires, par
la différence de niveau des deux lieux auxquels elles
appartiennent, exprimée en toifes ; dans la queftion
préfente, nous avons pris ce nombre égal à 0,0001041 ;
μ, le même quotient, en évaluant en pieds, les différences de niveau, & prenant les logarithmes hyperboliques ; donc, fi l'on nomme a, la foutangente du fyf-
tême des logarithmes ordinaires, qui eft 0,434294, on
aura $\mu = \dfrac{m}{6a} = 0,00003995$; f, la hauteur du mobile à chaque inftant, exprimée en pieds; $\downarrow$, la force
accélératrice, exprimée en livres; t, le tems écoulé à
chaque inftant, depuis le départ du Globe, exprimé en
fecondes. Nous défignerons les logarithmes ordinaires
par l'indice $Log.$, & les logarithmes hyperboliques par
$log.$

Rappellons avant toute chofe, la relation qui exifte
entre les hauteurs & la denfité de l'air, & exprimons la
par une équation propre au calcul actuel : elle eft donnée

fentiel qui a occafionné tout ce travail; le

---

par la formule $\mu = \dfrac{log.\,D -- log.\,\varphi}{f}$; nommant donc e le

nombre dont le logarithme hyperbolique eft l'unité, on

aura $\varphi = \dfrac{D}{e^{\mu\,s}}$; $f = \dfrac{log.\,\left(\dfrac{D}{\varphi}\right)}{\mu}$; & $d\,f = -\dfrac{d\,\varphi}{\mu\,\varphi}$.

Cela pofé, on à conftamment la force accélératrice du mobile égale au poids de l'air déplacé, moins le poids abfolu du mobile lui-même, moins encore la réfiftance de l'air. C'eft ce qu'exprime l'équation fuivante :

$$(A)\quad \psi = \Upsilon\varphi - p - b\,\varphi\,u^{2}.$$

On en tire $u^{2} = \dfrac{\Upsilon\varphi - p - \psi}{b\,\varphi}$; & $u\,d\,u = \dfrac{(p+\psi)\,d\varphi - \varphi\,d\psi}{2\,b\,\varphi}$;

Mais les formules connues du mouvement varié donnant $g\,\psi\,d\,f = p\,u\,d\,u$, on trouve, en égalant la nouvelle valeur qui en réfulte pour $u\,d\,u$, avec la première, une équation qui, après avoir mis pour $d\,f$, fa valeur $-\dfrac{d\,\varphi}{\mu\,\varphi}$; & réduifant, deviendra :

$$(\mu\,p^{2} + \mu\,p\,\psi + 2\,b\,g.\varphi\,\psi)\,d\varphi - \mu\,p\,\varphi\,d\psi = 0;$$

équation différentielle entre la force accélératrice & la denfité de l'air.

Multipliant toute cette équation par une fonction de φ, qui la rende intégrable, & cette fonction étant nommée Φ, on aura, par les règles ordinaires des différentielles complettes : $\dfrac{d\Phi}{\Phi} = -\dfrac{2}{\mu\,p}\times\left\{\dfrac{\mu\,p}{\varphi}\times b\,g\right\}\times d\varphi;$

tableau

tableau fuivant, dans lequel j'ai mis de nou-

---

d'où l'on tire en intégrant $\Phi = \dfrac{1}{2\,bg}$; multipliant donc

notre équation par cette quantité, & faifant, pour abréger $\dfrac{\varphi^2 e^{u\,p}}{\mu\,p}$

$\dfrac{2\,bg}{\mu\,p} = n$, elle devient :

$$\frac{p\,d\varphi}{\varphi^2 e^{n\varphi}} + \frac{\psi\,d\varphi}{\varphi^2 e^{n\varphi}} + \frac{n\psi\,d\varphi}{\varphi\,e^{n\varphi}} - \frac{d\psi}{\varphi\,e^{n\varphi}} = 0.$$

Je remarque, avant d'aller plus loin, que μ étant toujours un nombre très-petit, n eft par conféquent très-
grand ; on trouve en effet qu'en réalifant fa valeur pour
le cas actuel, elle eft ainfi $n = 3165843,389$; cette
obfervation fur un nombre qui affecte tous nos expofans
eft importante.

Cela pofé, je trouve en différentiant la formule
$\dfrac{1}{\varphi\,e^{n\varphi}}$, que l'on a : $\dfrac{d\varphi}{\varphi : e^{n\varphi}} = -d\left(\dfrac{1}{\varphi\,e^{n\varphi}}\right) - \dfrac{n\,d\varphi}{\varphi\,e^{n\varphi}}$;

mettant donc dans notre équation cette expreffion différentielle, ainfi transformée, elle deviendra :

$$-(p+\psi)\times d\left(\frac{1}{\varphi\,e^{n\varphi}}\right) - \frac{d\psi}{\varphi\,e^{n\varphi}} - np\times\frac{d\varphi}{\varphi\,e^{n\varphi}} = 0 ;$$

équation dont l'intégration tient à celle de la formule
$\dfrac{d\varphi}{\varphi\,e^{n\varphi}}$. Mais cette formule, qui en faifant $\dfrac{1}{e^{n\varphi}} = x$,

devient $\dfrac{d\,x}{log.\,x}$, eft connue de tous les géomètres pour
ne pouvoir être intégrée complettement, & malheureufement les féries par lefquelles on a donné le moyen

K

veau les différentes hauteurs du Globe au

---

d'obtenir des valeurs approchées de cette intégrale, deviennent dans le cas préfent exceffivement divergentes
par la valeur confidérable du nombre n qui rend x
d'une petiteffe extrême, & fon logarithme prefqu'égal
à l'infini négatif.

Pour éluder cette difficulté, je reprends de nouveau
la différentielle de la quantité $\dfrac{1}{\varphi e^{n\varphi}}$, que je mets fous

cette forme : $d\left(\dfrac{1}{\varphi e^{n\varphi}}\right) = -\dfrac{d\varphi}{\varphi e^{n\varphi}} \times \left(n + \dfrac{1}{\varphi}\right).$

Or n étant toujours très-confidérable par rapport à $\dfrac{1}{\varphi}$,

la quantité $n + \dfrac{1}{\varphi}$ ne varie pas fenfiblement. On peut

donc mettre à fa place une conftante N, comprife entre les deux valeurs de $n + \dfrac{1}{\varphi}$ qui conviennent aux
points extrêmes de l'intégrale : il fuit de-là que fi l'on
prend $N = n(1 + r)$, la quantité r fera comprife

entre les limites de $\dfrac{1}{n\varphi}$ & fera par conféquent dans

tous les cas un nombre très-petit. Par cet artifice la

formule $\dfrac{d\varphi}{\varphi e^{n\varphi}}$ s'intègre fans difficulté pour le cas pré-

fent, & l'on a $\displaystyle\int\left(\dfrac{d\varphi}{\varphi e^{n\varphi}}\right) = -\dfrac{1}{n(1+r)\varphi e^{n\varphi}}.$

Intégrant donc notre équation avec les attentions

moment de chaque obfervation, préfente à

---

prefcrites pour les différentielles complettes , & déterminant la conftante pour le premier inftant de telle forte
que $\varphi = D$, donne $\psi = \Upsilon D - p = 35$ liv. excès
de légéreté du Ballon au premier moment , on en tirera :

$$\psi = \frac{\varphi\, e^{n\varphi}}{D\, e^{nD}} \times \left\{ \frac{\Upsilon D - p}{1 + \nu} \right\} - \frac{\nu p}{1 + \nu}$$ & négligeant ν

par rapport à l'unité , comme étant un nombre très-petit ,
cette valeur deviendra

$$(\,B\,)\; \psi = \frac{\varphi\, e^{n\varphi}}{D e^{nD}} \times (\Upsilon D - p) - \nu p;$$

Cette équation exprime à chaque inftant la relation
qui exifte entre la force accéleratrice du mobile & la
denfité de l'air à la hauteur où il fe trouve, & d'après
ce qui précede, ν doit, pour chaque cas, être pris en-
tre les limites $\frac{1}{nD}$ & $\frac{1}{n\varphi}$; mais comme le poids de la
Machine étoit plus de la moitié de celui de l'air qu'elle
déplaçoit dans fa pofition la plus baffe, il s'enfuit que
φ ne peut jamais devenir égal à $\frac{D}{2} = 0,000655$, &
qu'on aura toujours $\nu < \frac{1}{2073}$; on aura auffi à caufe de
$\frac{1}{nD} = \frac{1}{4146}$, $\nu > \frac{1}{4146}$. L'ordre de petiteffe de ν fe
trouve donc déterminé, & l'on voit que νp n'étant
jamais égal à trois gros, tandis que p eft de plus de
51 livres, doit difparoître devant p. Examinons main-

côté de chacune les réfultats de la théorie

---

tenant l'expreffion que nous venons de trouver pour la force accélératrice.

Or, on voit d'abord qu'au premier inftant, où $\varphi = D$, on a, en négligeant $\mathbf{v} p$, par rapport à p, comme nous l'avons déjà fait, $\psi = \Upsilon D - p$, valeur de l'excès de légèreté qui a été déterminée par l'obfervation. Il en réfulte que, dans les premiers momens, ψ eft une quantité pofitive, de même ordre que p. Mais en mettant l'expreffion de ψ fous cette forme $\psi = \dfrac{\varphi}{D e^{n\,(D-\varphi)}} (\Upsilon D - p) - \mathbf{v} p$; il eft vifible en même-tems, qu'à caufe de la grandeur du nombre n, la diminution de φ doit faire croître très-rapidement la formule $e^{n\,(D-\varphi)}$; puifqu'en fuppofant $D - \varphi = 0{,}00001$, on a déjà $e^{n\,(D-\varphi)} = 56110000000000$; il fuit delà, que le premier terme de la valeur de ψ diminue bientôt au point de devenir négligible, même par rapport à $\mathbf{v} p$, & qu'alors la force accélératrice eft une quantité négative, de même ordre que $\mathbf{v} p$ lui-même. Reprenant donc l'équation (A), qui donne $\psi = \Upsilon D - p - b \varphi u^2$, on voit que ψ étant négligible par rapport à p, cette équation peut être changée en celle-ci :

$$(C)\quad o = \Upsilon \varphi - p - b \varphi u^2,$$

qui indique, fans erreur fenfible, la relation qui exifte continuellement entre la denfité de l'air & la viteffe actuelle du mobile.

Il eft cependant à remarquer, que par une fuite des confidérations précédentes, cette équation ne fauroit

pour le même inflant, & vous mettra à portée

convenir pour les premiers momens de la courfe du
Globe, & cela eft d'ailleurs évident par l'infpeétion
de l'équation elle-même, puifqu'on en tire toujours,
pour la viteffe, une valeur finie, tandis qu'elle a
dû d'abord être infiniment petite. Mais il eft clair en
même-tems, que cette équation commence à être vraie
au moment où la réfiftance de l'air, devenue égale à la
force d'afcenfion de la Machine, a détruit l'accélération du mouvement, qui, dès-lors, a été en diminuant de plus en plus, & par des degrés infenfibles,
jufqu'à fon extinétion totale, dans les hautes régions
de l'atmofphère. C'eft en ce moment, où l'accélération
a ceffé, que la force accélératrice eft devenue rigoureufement nulle, avant de devenir négative, & ce point,
très - intéreffant à connoître, nous donnera en même-
tems, la plus grande viteffe qu'ait eu le mobile. Car,

$$\psi = \frac{p\,du}{g\,dt} = 0, \text{ donne } du = 0 \ \& \ u = \text{maximum.}$$

Reprenant donc l'équation (B) qui donne l'expreſ-
fion générale de la force accélératrice, on aura :

$$\psi = \frac{\varphi\, e^{n\varphi}}{D\, e^{n\,D}} \times (\Upsilon D - p) - \prime p = 0, \text{ équation}$$

qui en fuppofant $D - \varphi = \zeta$, devient

$$\frac{\varphi}{D\, e^{n\zeta}} \times (\Upsilon D - p) - \prime p = 0.$$

Mais puifque nous avons vu que quand $\zeta = D$
$- \varphi = 0,00001$, la formule $e^{n\zeta}$ eft déja fi grande que le
premier terme de cette équation difparoîtroit devant le
fecond, tandis qu'ils doivent être ici de meme ordre,

K iij

d'en faire la comparaifon. L'accord fingulier

---

pour fe détruire mutuellement, il s'enfuit que, hors les expofans, nous pouvons prendre $\varphi = D$; d'où il réfulte que v devant être pris entre les limites $\dfrac{1}{nD}$ & $\dfrac{1}{n\varphi}$, devient rigoureufement égal à $\dfrac{1}{nD}$; notre

équation prend donc cette forme $\dfrac{\Upsilon D - p}{e^{n\chi}} = \dfrac{p}{nD}$;

d'où l'on tire $e^{n\chi} = \dfrac{nD(\Upsilon D - p)}{p}$; donc

$n\chi = log. \left\{ \dfrac{nD(\Upsilon D - p)}{p} \right\} = 7,9444142983733$: &

divifant par n ; $\chi = 0,000002509$; &

$\varphi = D - \chi = 0,001307491$. Telle a dû être la denfité de l'air au point où le mobile a ceffé de s'accélérer, & d'après la loi établie ci-deffus entre les hauteurs & les denfités, on trouve qu'il convient à une élévation de 47 pieds, 778 millièmes. C'eft donc au bout d'un tems bien court, que l'équation (C) commence à être admiffible, & pour le point que nous venons de déterminer, elle fe trouve vraie à la rigueur.

Mettant donc dans cette équation la valeur de φ que nous venons de déterminer, elle donnera

$$= \dfrac{\Upsilon \varphi - p}{b\varphi} = 247,164225, \& u = 15,721 \text{ pieds,}$$

xpreffion de la plus grande viteffe qu'ait eu le mobile pendant toute la durée de fon mouvement, & du nombre de pieds qu'elle lui auroit fait parcourir dans une feconde. D'après les calculs précédens, la valeur analytique de cette viteffe fe trouve ainfi :

qui s'y trouve à cet égard, tend à prouver

$$V = \sqrt{\dfrac{n(\Upsilon D - p) - \Upsilon \, log. \left\{ \dfrac{nD(\Upsilon D - p)}{p} \right\}}{b \, n \, d - b \, log. \left\{ \dfrac{nD(\Upsilon D - p)}{p} \right\}}} \; ;$$

Puifqu'il eft maintenant établi que l'équation (C) n'eft fujette à erreur que pour les premiers inftans de la courfe du mobile, & que nous venons de déterminer le point où elle doit commencer à être admife, elle donne évidemment pour toute la fuite de ce mouvement, la vraie valeur de la vîteffe, de telle forte qu'on a toujours $u^2 = \dfrac{\Upsilon \varphi - p}{b \varphi}$; nous pouvons donc déterminer la relation entre le tems & la denfité de l'air, qui, dépendant elle-même de la hauteur par une loi connue, rendra facile de tirer de ce calcul l'expreffion du tems employé à parcourir un efpace quelconque ; il ne faut cependant pas perdre de vue que tous les tems déterminés ainfi feront affectés de l'erreur légère qui fe trouve fur les premiers inftans ; mais cette erreur étant rigoureufement la même pour tous, n'empêchera pas qu'on n'ait exactement les tems employés par le Globe à s'élever au-deffus de ce point fixe.

Reprenant donc l'expreffion générale $u^2 = \dfrac{\Upsilon \varphi - p}{b \varphi}$,

on aura $u = \dfrac{ds}{dt} = \sqrt{\dfrac{\Upsilon \varphi - p}{b \varphi}}$, & comme

$ds = - \dfrac{d\varphi}{\mu \varphi}$, on tirera de cette équation :

$dt = - \dfrac{\sqrt{b}}{\mu} \times \dfrac{d\varphi}{\sqrt{\Upsilon \varphi^2 - p \varphi}}$; expreffion différen-

K iv

que, par le foin que j'ai apporté à la déter-

tielle du tems, qui en faifant d'abord $\varphi = r^{\varpi}$, & rendant toute la quantité rationelle par une nouvelle fubftitution, s'intègre facilement. Quant à la conftante, elle dépend entièrement du point auquel on veut rapporter l'origine des tems. Si, par exemple, pour éviter l'erreur de cette méthode fur les premiers inftans, on vouloit compter les tems du moment où l'équation fondamentale commence à devenir vraie, il faudroit déterminer la conftante de manière que $t = 0$ donnât $\varphi = 0,001307491$, valeur de la denfité de l'air pour le point de la plus grande viteffe ; mais comme les réfultats ne fauroient changer de quelque point que l'on commence à compter une des variables, nous prendrons tout fimplement $t = 0$, quand $\varphi = D$, comme nous euffions fait fi l'équation (C) étoit généralement admiffible. Par ce moyen l'on obtient la formule fuivante :

$$(D)\, t = \frac{2}{\mu} \sqrt{\frac{b}{\Upsilon}} \times log. \left\{ \frac{\sqrt{\Upsilon\varphi} - \sqrt{\Upsilon\varphi - p}}{\sqrt{\Upsilon D} - \sqrt{\Upsilon D - p}} \right\} ;$$

d'où l'on tire

$$(E)\, 4\Upsilon\varphi = \frac{\left(p + \{\sqrt{\Upsilon D} - \sqrt{\Upsilon D - p}\}^2 e^{\mu t} \sqrt{\frac{\Upsilon}{b}} \right)^2}{\{\sqrt{\Upsilon D} - \sqrt{\Upsilon D - p}\}^2 e^{\mu t} \sqrt{\left(\frac{\Upsilon}{b}\right)}}$$

équations qui donnent à volonté le tems & la denfité en valeur l'une de l'autre.

Pour appliquer maintenant ces formules aux obfervations que nous avons à calculer, il faut déterminer de combien l'origine des tems eft antérieure à quel-

mination des données de ce problême, & par

qu'une d'entr'elles, comme, par exemple, à celle où
le mobile a été vu à la hauteur du dôme de l'Ecole
Militaire; il n'y a pour cela qu'à substituer dans l'é-
quation (D) la valeur de φ qui convient à une hauteur de 20 toises, savoir 0,001249, & la valeur de
7,6306 secondes qui en résulte pour t, est le tems qu'il
faut compter lors de la première observation pour
qu'elle entre dans nos formules Ajoutant donc cette
quantité constante à tous les intervalles de tems dont les
autres observations ont suivi la première, on aura la vraie
valeur du tems qu'il faut compter pour chacune, depuis
l'origine. Ces valeurs mises pour t dans l'équation (E)
donneront successivement toutes les valeurs correspon-
dantes de φ, & par conséquent les hauteurs acquises par
le mobile au moment de chaque observation : c'est ainsi
qu'a été construit le tableau joint au texte de cette lettre.

On voit au reste que cette méthode & ces formules
ne conviennent que pour les instans postérieurs à celui
de la plus grande vitesse du mobile ; mais comme il
l'a acquise bien rapidement & après avoir franchi une
hauteur de 47,778 pieds seulement, on peut calculer
à part cette première portion de son mouvement, en
supposant la densité de l'air constante, comme cela est
permis pour une aussi petite élévation ; on trouve par
ce moyen que le Globe a mis 5,546 secondes à prendre sa plus grande vitesse, au lieu de 3,107 secondes que
donnent nos premières formules. Telle est donc l'erreur
dont elles affectent la détermination de chaque tems
absolu, quand on voudra les compter du moment du
départ du Globe : ainsi c'est une correction de 2,439

les hypothèses que j'ai employées, j'ai réussi

---

secondes à faire à tous les résultats de l'équation (D),
& le moment où elle donne φ = D, que nous avons
pris pour origine des tems, est par conséquent posté-
rieur au véritable instant du départ de la Machine, de
cette petite quantité.

Ajoutant donc ces 2,439 secondes aux 7,6306 secondes
que nous avons trouvées pour la première observation,
nous aurons 10 secondes dont le départ du mobile l'a
réellement précédée, & qu'il a employées à s'élever
au niveau du dôme de l'Ecole Militaire ; on peut par
ce moyen assigner l'instant où le Globe a été abandonné, quoiqu'il n'ait point été noté, & c'est d'après
cette détermination que nous l'avons inscrit à 5ʰ 1ᵐ 52ᶠ.

Il ne reste plus à déterminer que la plus grande hauteur à laquelle le Ballon auroit pu s'élever, & le tems
qu'il auroit mis à ce trajet : reprenons pour cela l'équation (B), & supposons la vitesse nulle, elle conviendra
évidemment au point où la Machine auroit cessé de

monter ; on a donc alors $\Upsilon \varphi - p = 0$, ou $\varphi = \dfrac{p}{\Upsilon}$;

expression de la densité de l'air à ce degré d'élévation.
Cette valeur réalisée donne φ = 0,0007798, d'où en
faisant la proportion 0,00131 : 0,0007798 :: 28ᵖᵒ 1ˡⁱ ½ :
16ᵖᵒ 8,9ˡⁱ, on verra que dans cette région de l'atmosphère, le baromètre devoit se soutenir à 16ᵖᵒ 8,9ˡⁱ.

Calculant enfin cette hauteur par le moyen de l'é-

quation $s = \dfrac{\text{Log.} \left(\dfrac{D}{\varphi} \right)}{m}$, on trouvera $s = 2164,15^{to}$

$= 2164^{to}\ 0^{pi}\ 10^{po}$.

à ne pas m'écarter affez des loix réelles, pour
faire des erreurs appréciables, fur l'efpace que
le mobile a parcouru pendant qu'il a été vifible. Mais il eft à préfumer que fi on eût pu
l'obferver plus long-tems, la théorie auroit
montré quelques écarts, & c'eft en cela qu'une
telle expérience pouvoit être infiniment inftructive. Quoi qu'il en foit, elle a du moins fervi
à montrer un point jufqu'auquel on peut regarder cette théorie de l'air comme très-précife, &
fans parler de l'importance nouvelle qu'elle
paroit acquérir aujourd'hui, beaucoup d'ufages connus & bien effentiels rendent cette
vérification très-intéreffante.

J'ai du refte ajouté à ce tableau tout ce
que le calcul a pu apprendre d'intéreffant fur
les circonftances de ce mouvement, qui n'ont
pas pu être obfervées : ainfi le moment où

Et pour connoître la durée totale dont le mouvement
du Ballon auroit été fufceptible, il faut fubftituer dans
l'équation (D) la valeur que nous venons d'obtenir
pour φ. Elle donnera alors

$$ t = \frac{2}{\mu} \sqrt{\frac{b}{\Upsilon}} \times log. \left\{ \frac{\sqrt{P}}{\sqrt{\Upsilon D} - \sqrt{\Upsilon D - P}} \right\}, \& $$

cette valeur étant réalifée, devient $t = 1520,749$ fecondes : à quoi ajoutant la correction de 2,439 fecondes, on trouvera la durée totale du mouvement d'environ $25^m 23^f$.

le Globe a été abandonné, s'y trouve déterminé par rapport à celui où il a été vu au niveau du dôme de l'Ecole-Militaire, le calcul
ayant indiqué qu'il avoit fallu 10 $''$ au mobile
pour franchir les vingt toifes dont ce dôme
eſt élevé. La théorie ayant appris également
que le mobile, éprouvant de la part de l'air une
réſiſtance d'autant plus grande, qu'il acquer-
roit plus de vîteſſe, a bientôt ceſſé tout-à-fait de
s'accélérer pour s'élever au contraire d'un mouvement continuellement retardé juſqu'au moment de ſa plus grande hauteur, j'ai cru devoir marquer l'inſtant où ce *maximum* de vîteſſe a eu lieu, & donner le nombre de pieds
que le mobile auroit parcourus par ſeconde,
en vertu de cette vîteſſe. J'ai cru encore qu'il
feroit intéreſſant de connoître la hauteur à
laquelle la Machine auroit pu s'élever ſans la
cauſe qui en a occaſionné la chûte, & le
tems qu'elle auroit mis à y parvenir. J'ai noté
en même-tems la hauteur à laquelle le baromètre devoit ſe ſoutenir dans cette région de
l'atmoſphère. J'ai préſenté enfin dans une colonne à part le poids de l'air que la Machine
déplaçoit à chacune de ſes poſitions, & la diminution de ces termes préſente une idée très-
diſtincte des diminutions ſucceſſives de la denſité de l'air lui-même.

TABLEAU comparatif des réfultats de l'Obfervation & de ceux de la Théorie, fur le mouvement du Globe aéroflatique.

Ju-é-)s.	Inftans pour lefquels la pofition du Globe eft affignée.	Hauteur du Baromètre. 28po 1li ½ Thermomètre.........18d Denfité de l'air....,00131 Celle de l'eau étant....1,000 Poids abfolu du Ballon. 51liv 7on 5gr	Hauteurs du Globe, données par les obfervations.	Hauteurs du Globe, données par la théorie.	Poids de l'air déplacé par le Ballon à chaque pofition.
1	5h 1m 50f	Moment du départ du Globe retrouvé par le calcul.	....	o o o	liv. onces gr. 86 7 5
2	5 1 55½	Moment où le Ballon avoit fa plus grande viteffe, qui étoit de 15 pi 8po 8li par feconde.	....	toifes. pi. po. 7 5 9	86 4 7
3	5 2 0	Le Ballon eft à la hauteur du dôme de l'Ecole Militaire.	toifes. 20...	20 0 0	86 1 0
4	5 2 52	....	entre {145 ½ 159 ½}	154 1 8	83 5 3
5	5 4 0	....	entre {310, 342}	324 4 5	80 0 0
6	5 4 53	....	un peu plus de 448 ¼	453 2 5	77 9 1
7	5 5 3	Le Globe difparoît pour l'Ecole Militaire.	un peu plus de 474 ¼	476 2 4	77 2 2
8	5 5 4 ¼	Le Globe difparoît pour l'Obfervatoire.	......480 ½	480 1 5	77 1 1
9	5 5 6 ¼	Le Globe difparoît pour le Garde-Meuble.	un peu plus de 481 ⅓	484 5 11	76 15 6
10	5 5 8 ½	Le Globe difparoît pour les tours Notre-Dame.	491	490 2 5	76 14 1
11	5 7 0	Le Globe reparoît entre les nuages.	entre {720 820}	746 2 1	72 5 0
12	5 27 13	Moment où le Globe auroit acquis fa plus grande élévation, 25 minutes 23 fecondes après fon départ, & le baromètre fe foutenant dans cette région de l'atmofphère à 16 pouces 8 ligne 9 dixièmes.	....	2164 0 10	51 7 5

Vous voyez, Monfieur, que quand même l'exactitude d'une théorie pourroit être démontrée d'avance en rigueur, il feroit impoffible d'obtenir avec les obfervations une plus grande conformité que ce tableau ne la préfente : quand en effet, par le défaut d'obfervations complètes, & par l'ignorance où nous étions fur la feconde ofcillation du mobile à gauche de la direction du vent, nous n'avons pu infcrire qu'un réfultat approchant, comme on le voit aux numéros 6, 7 & 9 ; la théorie femble venir, pour ainfi dire, nous donner celui qui nous manquoit, & fuppléer elle - même aux incertitudes qui nous refloient fur ces pofitions du Globe, fur lefquelles nous n'avions de bien certain que le fens dans lequel étoit l'erreur que nous commettions ; & pour les n°s. 8 & 10, pour lefquels nous avons pu légitimement conclure des refultats plus pofitifs, le calcul ne s'en écarte pas d'une toife. Quant aux n°s. 4, 5 & 11, pour lefquels la colonne des obfervations ne préfente que des limites fort écartées, ils achevent de montrer que le réfultat véritable étoit réellement entre ces limites, d'autant plus intéreffantes à confirmer ainfi, qu'elles ont fervi de bafe à tout le travail dont les autres termes de la même colonne ont été déduits.

Voilà, Monfieur, le but de cette lettre
rempli, & la théorie bien confirmée jufqu'ici
par l'épreuve qu'elle vient de fubir ; mais cet
inftrument, auquel il feroit bien à defirer que
toutes les queftions de la nature puffent un
jour donner prife, ne fauroit être trop perfectionné par des comparaifons multipliées ;
& les fuppofitions que nous avons fuivies font
fans doute fufceptibles de quelques corrections légères dont nous n'avons pu nous appercevoir ici. C'eft donc fur de nouvelles
épreuves qu'il faut fonder l'efpoir d'acquérir
à cet égard les connoiffances les plus complètes; & celle que nous venons de traiter
ne doit être regardée que comme une forte
de répétition d'une expérience complete dans
toutes fes parties ; manière de l'envifager, qui
fuffiroit feule pour montrer qu'elle a été très-
utile.

Je ne puis, Monfieur, avant de terminer
cette lettre, me difpenfer de dire un mot de
l'accident qui eft furvenu à la Machine aéroftatique, & dont la caufe, quoique très-fimple,
a été au moins très-confufément rendue dans
plufieurs des écrits qui fe multiplient fur cette
matière. Ce mobile en effet, qui contenoit
un air originairement preffé par tout le poids
de l'atmofphère, & alors en équilibre avec

elle, s'étant élevé dans des régions où la preffion extérieure eft devenue beaucoup moindre , & le fluide aériforme renfermé dans
cette enveloppe, confervant toujours le même
volume, & par conféquent la même élafticité,
tout l'excès de cette force fur celle de l'air
extérieur a dû être fupporté par l'étoffe; &
l'expérience prouve qu'elle n'y a pas réfifté.
C'eft aufli ce que le calcul montre d'une manière bien évidente; car nous voyons par les
réfultats de la théorie, que le Ballon auroit
pu s'élever jufqu'à une hauteur où le baromètre n'auroit marqué que 16 pouces 9 lignes
environ. L'excès de l'élafticité de l'air intérieur fur la preffion de l'atmofphère, auroit
donc alors été repréfenté par l'excès de 28
pouces 1 ligne ½ fur 16 pouces 9 lignes, & l'enveloppe du Ballon preffée intérieurement à
tous fes points par une force égale au poids
de 11 pouces 4 lignes ½ de mercure. On déduit facilement de cette confidération évidente , que la force tendante à féparer deux
hémifphères quelconques du Globe, eût été
alors de près de 168 mille livres (1), & que

_____

(1) Soit *A M B*, *fig.* 3 , le Globe aéroftatique , &
M m, un élément quelconque, infiniment petit , de
fon enveloppe , que nous fuppofons preffé intérieure-

cette force répartie fur tout le contour de la Machine eût donné environ 2824 $\frac{1}{2}$ livres par pied de taffetas. Il eſt bien évident qu'un

---

ment par une force perpendiculaire $n M$, égale au poids d'une colonne de mercure de 11 pouces quatre lignes $\frac{1}{2}$. Imaginons un plan quelconque $A B$, qui partage le Globe en deux parties égales, & ſoit décompoſée la force $n M$ en deux autres, $M t$, $M r$, l'une perpendiculaire, l'autre parallèle au plan $A B$. Toutes les forces $M r$, ſe feront évidemment équilibre entr'elles, & la ſomme de toutes les forces $M t$, exprimera celle avec laquelle la preſſion extérieure tend à ſéparer l'hémiſphère $A M B$, de celui qui lui eſt oppoſé. Or, ſi l'on repréſente par $P p$, la projection de l'élément $M m$, ſur le plan $A B$, on aura évidemment :

$$Mn : Mt :: Mm : Pp.$$

Donc $M t$, $\times Mm = P p$, $\times Mn$; d'où il ſuit que la force $M t$, agiſſant ſur tous les points de $M m$, opère, pour ſéparer les deux hémiſphères, le même effet que la preſſion conſtante $M n$, ſi elle agiſſoit ſur tous les points de $P p$. La ſomme de toutes les forces $M t$, ſera donc exprimée par la force Mn, agiſſant ſur tous les points du grand cercle $A B$, & ſera par conſéquent, égale au poids d'un ſolide de mercure, qui auroit pour baſe le grand cercle $A B$, ou 116,260 pieds quarrés, & pour hauteur, 11 pouces 4 lignes $\frac{1}{2}$. Ce ſolide ſe trouve de 110,279 pieds cubes, & à raiſon de 978,964 livres par pied cube de mercure, pèſe 107964,064 livres. Telle eſt la force, qui, dans les

tiſſu

tiſſu auſſi frêle devoit céder à une tenſion ſi
conſidérable.

Il eſt difficile de ſavoir à quelle hauteur le
Ballon eſt réellement crevé, quoiqu'il ſoit bien
probable qu'il a fallu pour cela un effort beaucoup moindre que celui qui vient d'être calculé ; mais ſi le mobile étoit parvenu à ſa plus
grande élévation poſſible, c'eſt - à - dire, à
2164 toiſes, comme il auroit, d'après nos calculs, employé 25′ à y arriver, & qu'il étoit
déjà tombé au bout de 45, il s'enſuivroit
qu'il ſeroit deſcendu un peu plus vîte qu'il
n'eſt monté, ce qui ne paroît guère probable. Il eſt bien plus vraiſemblable que l'ouverture s'eſt faite au Globe long-temps avant

---

circonſtances ſuppoſées, auroit tendu à ſéparer deux
hémiſphères du Globe, & répartie ſur un contour de
38,222 pieds, elle donne 2824,657 livres par pied de
taffetas.

Il eſt à propos de remarquer que cette méthode de
déterminer l'effet d'une preſſion donnée contre tous
les points d'une ſurface courbe, s'applique à toute eſpèce de ſurface ; & que cet effet, conſidéré perpendi-
culairement à un plan quelconque, eſt, par conſéquent, égal à celui que feroit la preſſion donnée, ſi
elle étoit appliquée à tous les points de la projection
de la ſurface dont il s'agit ſur le plan ſuppoſé, quelle
que ſoit la nature de la ſurface, ſphérique ou non.

L

qu'il eût atteint le point que nous venons de considérer, & que perdant alors lentement & par degrés le gaz qui le soutenoit, il a mis à redescendre deux ou trois fois autant de tems qu'à s'élever. C'est au reste ce qu'il seroit possible d'éclaircir en étudiant les loix de la chûte d'un corps soumis à de telles circonstances, comme nous avons approfondi celles de son ascension ; & l'on pourroit en déduire à-peu-près la hauteur réelle à laquelle il est crevé, & la mesure de la force que son étoffe n'a pu supporter. Ce résultat pourroit devenir utile par la suite ; mais je suis contraint, Monsieur, de supprimer ce détail, & beaucoup d'autres plus intéressans encore, sur les attentions nombreuses qu'il faudroit avoir dans une pareille expérience, & sur la manière d'en tirer immédiatement les loix de la résistance de l'air par des formules très-simples ; & je me hâte de mettre fin à cette lettre, trop étendue peut-être telle qu'elle est, & qui, dans le dessein où vous êtes de la joindre à un ouvrage destiné à paroître incessamment, a déjà par sa longueur des inconvéniens réels ; j'espère suppléer par la suite à ce que j'ai été obligé d'omettre ici.

Je suis, &c.

Paris, le 31 Octobre 1783.

DU GAZ INFLAMMABLE,

Et du Gaz de M. DE MONTGOLFIER.

LE gaz inflammable qui fixoit depuis quelque tems l'attention des phyficiens, par les beaux phénomènes qu'il préfente, offre, dans ce moment, des moyens nouveaux, applicables à des expériences qui vont ouvrir une carrière abfolument inconnue jufqu'à ce jour.

Cette vapeur, d'une légèreté extrême (car l'air de l'atmofphère eft dix fois plus pefant qu'elle) étant renfermée dans une enveloppe, capable de la retenir, & d'une certaine capacité, s'enlève bientôt avec rapidité, entraînant avec elle, non-feulement le corps qui la contient, mais encore des poids qu'on peut proportionner à la maffe de gaz qu'on a développée; delà les Globes aéroftatiques à air inflammable.

Ce fait eft conftaté de la manière la plus authentique ; l'on a même le projet de conftruire un Ballon à air inflammable, affez confidérable pour enlever au moins un homme, & il eft bien à défirer que la chofe s'exécute ; l'on obtiendra par là un fait de plus. MM. Charles & Robert, qui ont ouvert une foufcription à ce

L ij

fujet, méritent véritablement qu'on feconde leurs vues ; ils ont tout ce qu'il faut pour mener cette expérience à bien, & leur émulation ne peut qu'être avantageufe à cette découverte. Quoique le gaz inflammable foit d'un haut prix, & qu'on ne l'obtienne pas en grand avec autant de facilité qu'on le defireroit, je fuis bien éloigné de le rejeter ; il eft à fouhaiter au contraire, avant d'y renoncer, qu'on ait abfolument épuifé toutes les reffources à ce fujet. Les amateurs de la phyfique doivent porter leur attention fur deux points importans, relativement aux Ballons aéroftatiques à air inflammable ; le premier doit rouler fur les moyens les plus faciles & les plus économiques pour obtenir cet air ; le fecond regarde l'enveloppe : il faut chercher à s'en procurer une qui foit fimple, folide, qui ne craigne, ni la pluie, ni les intempéries des faifons, & fur - tout, qui conferve exactement le gaz, fans l'affoiblir ou le détériorer en aucune manière, au moins pendant plufieurs mois.

Le fer, le zinc, le cuivre, l'étain, le plomb mélangés avec les acides vitrioliques ou marins de bonne qualité, affoiblis par trois portions d'eau non féléniteufe, produifent de l'air inflammable.

Il faut, dans cette opération, ne jamais

faire ufage d'acide nitreux connu fous le nom
d'*eau-forte*, parce que l'air que cet acide dégage des métaux, eſt d'une nature entièrement oppoſée à l'air inflammable.

L'acide végétal, lorſqu'il a une certaine
force, produit également de l'air inflammable
avec les métaux ; mais le moyen eſt lent & diſ-
pendieux.

La noix de galle pilée, ou toute autre
ſubſtance végétale fortement aſtringente,
mêlées avec de la limaille de fer & de l'eau,
forment une pâte liquide, qui produit, au
bout d'un jour ou deux, des bulles d'air inflammable ; mais ce procédé eſt encore beaucoup trop long. *Voyez Prieſtley, Expériences
& Obſervations ſur différentes branches de phyſique, tome II, page 130.*

L'air des marais eſt très-abondant, preſque
par-tout où les eaux ſont ſtagnantes, & cet
air inflammable ne coûteroit que la peine de
le retirer. Il eſt vrai que les procédés ſeroient un peu gênans en opérant dans le
grand ; mais ne pourroit-on pas les ſimpli-
fier ? Il me ſemble qu'il ſeroit facile, à l'aide
d'un rateau de fer ou de bois, qu'on pro-
mèneroit dans le fond d'une eau bourbeuſe,
de s'en procurer des proviſions aſſez abon-
dantes : il s'agiroit de fixer ſur ce rateau un

grand entonnoir de fer-blanc qui en recou-
vriroit la furface ; l'air qui fe degageroit monteroit par le tuyau allongé de l'entonnoir,
dans une grande bouteille renverfée, ou
dans tout autre vafe plus commode plein
d'eau ; l'air inflammable déplaceroit le fluide
aqueux, & l'on boucheroit la bouteille lorfqu'elle feroit pleine; deux perfonnes, dans un
petit bateau, pourroient, avec de l'intelligence & de l'adreffe, recueillir de cette maniere, en affez peu de tems, beaucoup d'air,
& en faire des provifions. On peut imaginer
d'autres moyens analogues, plus faciles encore,
lorfqu'on voudra faire des recherches pratiques
à ce fujet.

L'air des marais, quoiqu'inflammable, eft
moins léger que celui des métaux ; mais il
peut cependant être employe pour les Machines aéroftatiques.

L'*efprit de térébenthine*, diftillé dans un appareil pneumato - chimique, produit de l'air
inflammable ; mais ce dernier eft encore plus
pefant que l'air des marais, & eft réduďible.

Le *charbon végétal* & le *charbon foffile* en
fourniffent auffi, mais il n'eft pas léger ; il
eft vrai que, comme il eft à préfumer qu'il eft
mêlé d'air fixe, on pourroit l'en débarraffer,
en le faifant paffer à travers l'eau de chaux.

L'esprit-de-vin rectifié, *l'éther vitriolique*, jettés par goutte dans des vaisseaux qu'on fait chauffer, donnent du gaz inflammable; mais il est reductible & se condense par le froid, il forme alors des vapeurs aqueuses.

Enfin, d'autres matieres simples ou mélangées pourroient produire encore de l'air inflammable ; rien n'empêcheroit d'essayer, par exemple, les huiles mêlées. Avec de l'ocre ferrugineuse, ou avec de la suie, l'on a des preuves, depuis quelque tems, qu'une telle mixtion s'enflamme spontanément. Les pyrites, mises en décompofition, soit par le feu, soit par le moyen de l'eau, ne doivent pas être non - plus négligées.

Je ne donne ici cet énoncé rapide, qu'afin de préfenter, fous un même point de vue, les substances propres à produire de l'air inflammable, afin de mettre à portée les perfonnes qui n'auroient pas eu occafion de faire des recherches à ce fujet, de connoître au premier coup-d'œil les matières sur lesquelles il faut travailler de preference.

Mais comme les recherches sur le gaz inflammable ont été jusqu'à préfent, plutôt relatives aux qualités intrinsèques de cet air & à ses propriétés physiques, qu'à fa légereté spécifique, & aux moyens les plus com-

modes de s'en procurer de grandes quantités,
il eſt bon, en attendant qu'on ait fait des
découvertes à ce ſujet , de donner ici les
procédés qui m'ont le mieux réuſſi , pour obtenir le gaz inflammable tiré du fer par l'acide
vitriolique.

Moyen d'obtenir l'air inflammable par le fer & l'acide vitriolique.

Procurez - vous de la limaille de fer ou
de celle d'acier , la plus pure que vous pour-
rez trouver; évitez ſur toute choſe , qu'elle
ſoit jaunâtre & rouillée , parce qu'ayant
perdu une partie de ſon phlogiſtique , elle
contient en cet état, beaucoup de gaz *acide
méphitique* , dont la peſanteur eſt plus conſidérable que celle de l'air atmoſpherique.

Paſſez cette limaille à un tamis un peu gros,
pour en ſéparer les pâilles , les petits eclats
de bois , & les autres corps étrangers qui
ſe trouvent mêlangés ordinairement avec la
limaille , que les ouvriers ne s'embarraſſent
guère de tenir propre ; lorſque vous aurez
la quantité de limaille épurée qui vous ſera
néceſſaire, il faut vous munir d'acide vitriolique pur & concentre. L'on en trouve d'une
très - bonne qualité, connu ſous le nom vul-

gaire d'*huile de vitriol*, à la manufacture de
Javelle près de Paris, & à *Rouen* (1).

L'acide vitriolique doit être mêlangé avec
de l'eau pure, dans les proportions de quatre
parties d'eau fur une d'acide ; mais cette mixtion
doit être faite avec précaution, dans des vafes
de grès ou de faïence, en ayant attention
de mêler d'abord les deux liqueurs à petite
dofe, à caufe de la chaleur exceffive qui réfulte de cette union, & qui occafionneroit
la rupture des vaiffeaux ; mais en allant doucement & avec prudence, il n'y a abfolument
rien à craindre ; au refle, l'expérience & l'habitude inftruiront mieux que tout ce qu'on
pourroit dire à ce fujet ; ce n'eft pas fans
raifon non-plus que j'ai recommandé l'ufage
des vafes de faïence ou de grès, car l'acide
ne mord pas fur la couverte de la faïence,
tandis qu'il détruit bientôt le vernis de la pote-
rie commune ; mais le véritable grès, qui eft
une efpèce de porcelaine très-groffière, n'en a
point.

Le meilleur moyen d'obtenir l'air inflam-

---

(1) Celle de Javelle, à deux lieues de Paris, coûte
10 fols la livre, en la prenant fur les lieux. Celle
de Rouen, de la manufacture de M. Holker, eft auffi
bonne.

mable pur & le plus léger poffible, eft de le
faire paffer à travers l'eau, dans les appareils
pneumato-chimiques, difpofés à la manière de
M. le duc de Chaulnes, ou dans ceux qu'on
trouve ordinairement chez prefque tous les
ingénieurs en inftrumens de phyfique ; mais
ces appareils bien imaginés & très-commo-
des pour des expériences de cabinet, deviennent infuffifans, lorfqu'il s'agit de fe procurer
une très-grande quantité d'air.

Le procédé que je vais indiquer pour cet
objet me paroît fimple, & des plus faciles à exécuter. Prenez une grande cuve de bois, &
même en rigueur un tonneau de 4 à 5 pieds
de hauteur fur 6 à 7 de diamètre, placé verticalement & ouvert par la partie fupérieure ;
faites établir à environ 2 pouces $\frac{1}{2}$ de l'ouverture, une tablette demi-circulaire, qui occupera la moitié du diamètre de la cuve, & fera fo-
lidement conftruite & bien arrêtée dans une
rainure intérieure, difpofée pour la recevoir ;
lorfque la cuve fera pleine, l'eau recouvrira la
tablette, ce qui eft néceffaire; elle fera en cet
état deftinée, comme dans les appareils pneumato-chimiques ordinaires, à fupporter une
cloche ou récipient qui, au lieu d'être en verre,
fera en fer-blanc; il faudra auffi pratiquer au
milieu de cette tablette, une ouverture cylin-

drique de deux pouces de diamètre, au-deffous de laquelle on fixera avec du maftic un
entonnoir renverfé, de 5 à 6 pouces de largeur
dans fon grand diamètre, fur 7 à 8 pouces de
hauteur, & dont le tube rafera la partie fupérieure de la tablette.

Cet appareil très-fimple une fois conftruit,
l'on aura une cloche en fer-blanc de deux
pieds ½ de diamètre fur 3 ½ de hauteur, ouverte par le bas, mais furmontée dans le haut
d'un robinet en cuivre placé verticalement &
difpofé de manière à être ouvert ou fermé à volonté. Ce robinet doit avoir une allonge propre
à être viffée fur un fecond robinet adhérent à
l'ouverture du Ballon, & cette partie du Ballon
doit être un peu prolongée & faite en entonnoir.

Le récipient ainfi établi en fer-blanc, peut être
peint en couleur à l'huile, afin d'être préfervé
de la rouille. Enfin, pour compléter l'appareil,
il eft néceffaire d'avoir une efpèce de bouteille
en plomb, d'un pied de diamètre fur deux pieds
fix pouces de hauteur, à double goulot, dont
l'un fervira pour introduire la limaille de fer &
l'acide, & fera fermé enfuite avec un bouchon
de liège, & l'autre fera adhérent & foudé à un
long tube en plomb, recourbé & difpofé de
manière à pouvoir être placé facilement fous
l'entonnoir de la tablette.

Ces trois principales pièces ainfi préparées,
& la cuve étant pleine d'eau, l'on y enfoncera
la cloche ou récipient en fer-blanc, en ayant
foin d'ouvrir auparavant le robinet, afin que
la cloche, en fe vidant d'air, fe rempliffe d'eau
avec facilité ; l'opération faite, le robinet fera
fermé, & un homme ou deux enlèveront en
cet état doucement la cloche pour la placer
fur la tablette dans la partie correfpondante
au trou de l'entonnoir, &, comme la tablette
fera couverte de 2 pouces d'eau, celle du
récipient fe foutiendra & n'aura aucune communication avec l'air extérieur.

Les chofes ainfi difpofées, la bouteille en
plomb fera ouverte, & l'on jettera par le trou,
qui doit avoir au moins un pouce de diamètre,
environ deux livres de limaille de fer, fur lefquelles on verfera de l'acide vitriolique, de
manière qu'il y en ait fuffifamment pour que
la limaille foit entièrement couverte par le liquide; l'on remuera très-promptement la mixtion dans la bouteille de plomb, avec une
longue fpatule en fer ; la bouteille fera fur-le-
champ rebouchée, & l'air qui fe dégagera
avec impétuofité, parviendra par le tube dans
le récipient où il déplacera l'eau. Dès qu'on
s'appercevra que la cloche eft pleine, ce qu'on
reconnoîtra aux premières bulles d'air qui for-

tiront fous l'eau du récipient, l'on ouvrira le robinet de la cloche & celui du Ballon, que je fuppofe viffé & fufpendu au-deffus de l'appareil, & l'air, lorfqu'on enfoncera la cloche dans l'eau, paffera dans le Ballon. L'eau qui remplira de nouveau la cloche, fera déplacée à fon tour par l'air inflammable. L'on enfoncera encore le récipient dans l'eau, &, en continuant cette manœuvre, l'on fe procurera une bonne provifion d'air inflammable très-pur.

Il faut avoir foin, lorfqu'on s'appercevra que l'effervefcence ceffe, de jeter de la nouvelle limaille & de l'acide dans la bouteille, & d'intervalle en intervalle de l'acide un peu plus fort ; c'eft-à-dire, affoibli fimplement par deux portions d'eau.

Comme à force de jeter de la limaille & de l'acide vitriolique dans la bouteille, elle fe rempliroit, ce qu'il faut éviter, parce qu'alors l'acide monteroit lui-même en entraînant de la limaille ; il fera néceffaire, lorfqu'on aura befoin d'une grande quantité d'air, de fe procurer deux bouteilles en plomb, parce que l'on aura la facilité par-là de les fubftituer l'une à l'autre, & de nettoyer la première pendant que la feconde fournira de l'air. L'on aura attention, lorfqu'on changera ainfi de bouteille, de fermer le robinet du Ballon.

Telle eſt la méthode que je propoſc, en attendant que les recherches des phyſiciens nous en aient procuré de meilleures.

Quant à la manière de remplir les petits Ballons en peau de *baudruche*, s'ils n'ont que 10 à 12 pouces de diamètre, il faut avoir de l'air inflammable nouveau dans des veſſies de cochon garnies de leurs robinets (1). Un petit tube cylindrique de cuivre viſſé ſur le robinet, donne la plus grande facilité de remplir ces veſſies ; on les vide d'air atmoſphérique en les preſſant ; on ferme le robinet, & l'on enfonce l'allonge dans un bouchon de liège, qui bouche un des goulots de la bouteille. L'on jette de la limaille & de l'acide dans la bouteille, on la bouche après avoir ouvert le robinet, & l'air inflammable a bientôt rempli la veſſie ; avec deux de ces veſſies l'on a la proviſion d'air néceſſaire pour faire enlever un Ballon d'un pied de diamètre.

Les perſonnes qui ne ſeroient pas à por-

---

(1) Les frères Dumotier, demeurans *au fond de la cour de Saint-Jean de Latran*, ont toujours des veſſies garnies de robinets, avec leſquelles on peut faire pluſieurs expériences agréables, en ſe ſervant d'air inflammable. Ils ſont auſſi aſſortis en machines de phyſique, & ſont très-accommodans pour les prix.

tée de fe procurer des veffies à robinet, peuvent y fuppléer de la manière fuivante, mais
l'air inflammable en eft un peu moins pur,
& par conféquent un peu moins léger.

Ayez un petit tube de verre de 4 lignes
de diamètre environ, fur trois pieds de longueur. Ajuftez à une des extrêmités un bouchon
de liège percé, dans lequel le tube entrera jufqu'au bord, où il fera fcellé avec du maftic ou
de la cire; il faut que ce bouchon armé du
tube, puiffe s'adapter dans l'ouverture d'une
bouteille noire ordinaire, ou plus grande encore fi la capacité du Ballon l'exige.

Ayez un fecond petit bouchon percé, avec
lequel vous fermerez l'autre extrêmité du tube,
& c'eft fur ce bouchon que vous ferez enfrer
le bout de plume adhérent au Ballon en peau
de baudruche.

Jettez deux ou trois onces de limaille de
fer dans la bouteille, verfez-y de l'acide vitriolique affoibli par quatre parties d'eau, bou-
chez avec le bouchon qui tient au tube, pla-
cez le bout de plume adhérent au Ballon,
dans le petit trou du bouchon fupérieur, &
l'air inflammable qui fe degagera de la bouteille, remplira très-promptement le Ballon.
On liera avec un peu de foie le Ballon au-deffus
de la plume, ou même on laiffera la plume

(176)

dont on bouchera l'ouverture avec un très-
petit bouchon qu'on aura préparé auparavant
pour cet objet, & le Ballon partira en entraînant la plume & le bouchon qui lui ferviront
de left.

Mais fi l'on vouloit remplir, par exemple,
un Ballon plus confidérable en peau de baudruche, c'eft-à-dire, qui eût de 20 à 25 pouces de diamètre, au lieu de fe fervir de bouteille, l'on adapteroit un tube de verre &
un bouchon plus gros, fur une petite bari-
que en bois, dont le difque fupérieur feroit
percé de deux ouvertures; l'une pour recevoir le tube; la feconde, pour introduire la
limaille & l'acide, & l'on fermeroit cette dernière, lorfque l'air fe dégageroit.

*Du gaz que développe M. de Montgolfier, pour
remplir & enlever la Machine aéroftatique.*

Le nom de *gaz* ne devroit être donné qu'à
une émanation aériforme quelconque, douée
d'un caractère propre & fpécifique, & qu'on
peut produire fans le concours & abftraction
faite de l'air atmofphérique, foit par des
procédés chimiques, foit par des moyens
que la nature met en ufage, & dont la plupart nous font encore inconnus.

D'après

D'après cela, je ne ferai pas éloigné de penfer que le nom de *gaz* ne convient peut-être pas ftriéement aux différentes vapeurs combinées qui compofent l'air qui fert à remplir & à enlever les Machines aéroftatiques de MM. de Mongolfier.

Il eft vrai que, dans cette opération, on brûle des matières animales, qui produifent du véritable *gaz alkalin*, & que la paille allumée laiffe échapper du phlogiftique, & des fubftances huileufes réduites en vapeur, qui peuvent occafionner diverfes modifications dans l'air atmofphérique; ce dernier lui-même traverfant la flamme, y éprouve quelque changement ; & comme il réfulte de tous ces mêlanges un mixte aériforme particulier plus léger que l'air commun, je ne vois pas qu'il y eût d'inconvénient de lui donner le nom de *gaz de MM. de Montgolfier*, en mémoire de leur belle découverte.

La connoiffance exaéte de ce gaz n'eft certainement pas une chofe facile, d'abord parce qu'elle tient à une foule de circonftances acceffoires; en fecond lieu, parce que les experiences qu'on a faites jufqu'à préfent ayant été peu nombreufes, & exigeant des manœuvres promptes, il n'a pas encore été poffible de recueillir des provifions de cet air, prifes à différentes hau-

M

teur dans la Machine, ce qui n'étoit pas aifé,
foit à caufe de fa grande élévation, foit parce
que l'on a dû être naturellement plus occupé
d'abord du fuccès des expériences que des
recherches fur les qualités du gaz. Il faut donc
attendre que des circonftances plus favorables
nous mettent dans le cas de pouvoir l'examiner,
& en faire les effais convenables avec *l'eudio-*
mètre, & par les procédés chimiques que nous
connoiffons.

Je me contenterai donc, en attendant, de
rapporter ici quelques faits que j'ai recueillis
avec le plus de foin qu'il m'a été poffible,
& qui pourront fervir à ceux qui feront à portée de fuivre des expériences femblables.

I. Obfervation. Il eft très-important, lorfqu'on développe le gaz, d'éparpiller la paille
de manière qu'elle s'enflamme très-promptement, & fans produire de fumée; toute l'attention de ceux qui dirigent le feu, doit
fe porter fur cet objet : un feu vif & brillant,
un feu de flamme eft ce qui convient le
mieux.

II. Il faut, de diftance en diftance, jeter
fur la flamme, & par petites poignées, de la
laine hachée; la plus mince eft la meilleure,
elle s'allume mieux & jette moins de fumée.

III. Lorfque les perfonnes chargées de con-

durre le feu, ont l'habitude de ne pas trop jeter
de paille à la fois, & de l'employer à propos pour avoir une flamme conftante, une
Machine de 70 pieds de hauteur fur 46 de
diamètre, peut être entièrement remplie en cinq
minutes, ce qui paroît étonnant (1).

IV. Dès que la Machine commence à fe
gonfler, il fe forme fur-le-champ un courant d'air rapide qui vient de l'extérieur, &
entre dans la Machine, de manière qu'avant
qu'on eût pris les précautions néceffaires, les
toiles difpofées fous l'échaffaud, & autour
du foyer, en manière d'entonnoir cylindrique, étoient agitées avec une violence
extrême, & venoient fe joindre contre le
foyer : on a donc été obligé de les arrêter
par le moyen de poteaux difpofés autour
du réchaud, fur lefquels les toiles ont été
clouées.

---

(1) A mefure que le dôme de la Machine commence à fe remplir, on l'élève doucement, à l'aide
d'une corde & d'une poulie fixée entre les deux mâts,
de 50 à 60 pieds de hauteur, qui doivent être placés
à côté de l'échaffaud ; cette manœuvre facilite l'entrée de la vapeur dans la Machine, & fert à la contenir
jufqu'à ce qu'étant parvenue à la hauteur des mâts,
elle fe dégage elle-même & quitte fes liens.

M ij

Il entre donc une quantité confidérable d air atmofphérique dans la Machine.

V. Cet air commun, avant de pénétrer dans la capacité du Ballon, eft obligé de traverfer la flamme que produit la paille allumée : il eft probable qu'en s'échauffant, l'eau qu'il contient & celle qui réfulte de la combuftion de la matière végétale, font réduites en vapeur.

VI. Cette eau forme alors un fluide élaftique plus rare & plus léger que l'air même, & cette vapeur diffère de tous les fluides aériformes connus, en ce que, comme l'a très-bien obfervé M. de Sauffure en parlant de l'eau vaporifée, le *feul refroidiffement fuffit pour féparer le feu, & pour faire reparoître fous une forme denfe & non élaftique, l'eau qui s'étoit réduite en vapeur*. Effai d'Hygrométrie, effai III, chap. 1, pag. 186.

VII. Les vapeurs contenues dans l'air atmofphérique, étant parfaitement diffoutes par la chaleur, ne font pas vifibles ; il en eft de même de celles qui font renfermées dans la Machine aéroftatique ; car lorfque la flamme a produit une chaleur égale, non-feulement les vapeurs aqueufes, mais d'autres émanations, telles que les parties huileufes & celles produites par la combuftion, font tellement divifées &

diffoutes, que la Machine, quoique pleine &
tendue dans tous les points, n'offre qu'un fluide
aériforme, tranfparent & homogène en apparence.

VIII. C'eft en cet état que la Machine
s'enlève avec force & vîteffe, & qu'elle fe
foutient le mieux en l'air. La vapeur eft dans
ce cas-là à l'air atmofphérique comme 1 à 2;
c'eft-à-dire, qu'elle eft une fois plus légère
que l'air ordinaire; ce qui eft d'autant plus avantageux, qu'en conftruifant des Machines d'une
grande capacité, l'on peut enlever des poids
confidérables.

IX. Lorfque la Machine aéroftatique eft en
expérience pendant quelque tems, il fe forme
dans l'intérieur une fuie fine & légère, qui eft
à peine adhérente à la toile, & qui s'en détache au moindre mouvement.

X. Lorfqu'on a voulu effayer de brûler du
bois de farment, qui forme un feu vif & clair,
la Machine s'eft très-bien tendue, mais le
courant d'air tranfportoit avec rapidité des
charbons encore enflammés, jufques dans des
parties très-élevées, ce qui pouvoit être dangereux pour l'enveloppe, d'autant plus que
les charbons étoient encore très-animés à cette
hauteur, ce qui annonce que l'air n'étoit ni
méphitique, ni détérioré. Quoique le feu de

M üj

farment foit très-bon , celui de paille ne
faifant aucun charbon, il faut lui donner la pre-
férence jufqu'à ce qu'on ait trouvé des moyens
de mieux contenir le premier.

XI. Il paroît que l'air alkalin entre pour
quelque chofe dans la légéreté du gaz ; mais
comme la Machine s'élève (un peu moins
bien à la vérité) lorfqu'on brûle fimplement
de la paille , il s'enfuit que l'air échauffé, que
l'air dilaté , & que les molécules aqueufes
qui s'y trouvent naturellement, ou qui s'y font
portées par la décompofition de la paille, étant
réduites en vapeur, jouent le plus grand rôle
par leur légéreté dans l'afcenfion de la Machine ; cependant, comme je n'ai que des pré-
fomptions, & point de certitude encore fur
cette dernière opinion , je ne l'avance que
comme une fimple conjecture ; car , quoique
la phyfique des gaz ait fait un grand pas, il
eft à croire qu'il nous refte encore bien des
chofes à connoître à ce fujet.

Je pourrois donner ici un exemple qui n'eft
peut-être pas étranger à l'objet que je traite,
quoiqu'il femble s'en éloigner au premier af-
pect ; c'eft celui de l'air agiffant comme diffolvant de l'eau : le fluide aérien en eft fi avide ,
qu'il en retient conftamment avec lui des parties dont il ne fe dépouille jamais entière-

ment. L'hygromètre comparable dont M. de
Sauſſure vient d'enrichir la phyſique, nous a
donné de grandes lumières ſur l'état de l'air ;
& l'ouvrage que ce ſavant diſtingué vient de
publier à ce ſujet, nous met ſur la voie des
plus précieuſes découvertes. Le réſume général qui termine le chapitre VIII des *Eſſais ſur
l'Hygrométrie*, forme un expoſé ſuccinct ſi
clair & ſi méthodique, que j'eſpère qu'on me
ſaura quelque gré de le rapporter ici :

« L'évaporation proprement dite, eſt le
» réſultat ou plutôt l'effet de l'union intime
» du feu élémentaire avec l'eau. Par cette
» union, l'eau & le feu réunis ſe changent en
» un fluide élaſtique plus rare que l'air, & qui
» mérite éminemment le nom de *vapeur*.

» Cette vapeur, lorſqu'elle ſe forme dans
» le vuide, ou que ſon abondance & ſa cha-
» leur ſoutenue lui donnent la force d'expul-
» ſer l'air qui la comprime, ſe nomme *vapeur
» élaſtique pure.*

» Mais lorſque cette même vapeur ne peut
» pas ſurmonter entièrement la force com-
» preſſive de l'air, elle le pénètre, ſe mêle
» avec lui, ſubit une vraie diſſolution, & prend
» le nom de *vapeur élaſtique diſſoute.*

» Lorſqu'enſuite l'air ſaturé laiſſe précipiter
» l'eau qu'il contient, cette eau prend quel-

» quefois la forme de véficules, ou de petites
» bulles : ces véficules remplies & enveloppées
» d'un fluide rare & léger, fe foutiennent dans
» l'air, & s'élèvent même quelquefois par une
» légéreté fpécifique plus grande que la fienne.
» Ce font donc des corps étrangers à l'air,
» & d'une nature abfolument différente du
» fluide élaftique auquel nous venons de don-
» ner le nom de *vapeur.* Cependant, pour
» me conformer à l'ufage, je les ai rangés
» dans la claffe des vapeurs, & je les ai dif-
» tingués par le nom de *vapeur véficulaire.*

» Enfin, lorfque la vapeur élaftique ou les
» véficules elles-mêmes fe condenfent en gout-
» telettes pleines, qui ne diffèrent des gouttes
» de pluie que par leur extrême petiteffe, ce
» font encore des corps bien différens de la
» vapeur proprement dite. Cependant comme
» ces corps flottent dans l'air, & peuvent y être
» foutenus pendant quelque tems par fon agi-
» tation & fa vifcofité, je les claffe auffi parmi
» les vapeurs, & je leur donne le nom de
» *vapeur concrète*». *Effai d'Hygrométrie, chap.*
VIII, pag. 257.

Ce tableau du différent état des vapeurs
eft très-exact, & préfente un fait remarquable en phyfique, celui des vapeurs véficulaires, qu'on peut regarder, fi je puis m'expri-

mer ainfi, comme autant de petits Ballons
aéroftatiques, qui, à l'aide de certaines circonftances, s'élèvent, flottent & voyagent les uns
à côté des autres, fans s'unir, fans fe con-
fondre, pour former, dans les hautes régions
atmofphériques, des nuages qu'on peut regarder fouvent comme des rivières entières
fufpendues fur nos têtes ; & fi MM. de Montgolfier, avec une fimple Machine de 70 pieds
de hauteur fur environ 46 de diamètre, nous
ont fait voir qu'on pouvoit enlever des poids
confidérables, jugeons par-là de la force d'un
nuage de trois à quatre cens pieds de diamètre, fur cinq ou fix cens de hauteur, fi l'on
trouvoit jamais l'art de le réunir & de l'en-
fermer dans une enveloppe en état de le contenir, & qui ne porteroit aucune atteinte à la
difpofition & à la qualité des vapeurs véficulaires ; c'eft-à-dire, qui ne les condenferoit
pas & ne les feroit pas réfoudre en eau.
    Je penfe qu'il faut établir une grande dif-
tinction entre les vapeurs que nous formons
par l'art à l'aide du feu, & celles que la nature produit d'une manière fpontanée, avec
peu de chaleur.
    Il nous faut un violent degré de feu pour
extraire l'eau des fubftances végétales ou animales, & la réduire en vapeur, ainfi que l'eau

commune, & les autres fluides que nous connoiffons, & ces vapeurs font prefqu'auffi-tôt
condenfées qu'élevées; tandis au contraire que
la nature, non-feulement produit les vapeurs
véficulaires, fans beaucoup de chaleur, mais
les porte à de très-grandes hauteurs, où le froid
ne les condenfe que d'une manière à les rendre
vifibles, & non à les réfoudre, puifqu'elles
fe foutiennent dans l'hiver comme dans l'été, à
une hauteur qui excède quelquefois trois mille
toifes, de manière qu'il paroît que lorfqu'elles
fe réuniffent pour fe réfoudre en pluie, c'eft
à une caufe qui femble ne tenir effentiellement, ni au froid, ni à la chaleur, mais à
un phénomène d'un genre différent.

Si le feu électrique eft probablement l'agent
qui tient les vapeurs véficulaires dans l'état qui
les conftitue telles, la déperdition de ce feu
fubtil doit les obliger de fe réunir; de-là la
réduction de ces vapeurs en pluie.

Il feroit bien intéreffant fans doute de trouver
un procédé qui nous mît fur la voie de reconnoître l'efpèce de fluide aériforme renfermé
dans chaque bulle de vapeur. Eft-ce un air
que l'eau a faifi & enveloppé lorfqu'elle a pris
la forme fphérique? ou bien cet air doit-il
fon origine à une modification particulière
du fluide aqueux? Cette efpèce de tranfmu-

tation de l'eau en air, qui fait depuis quelque tems l'objet des recherches du docteur Prieſtley, doit paroître moins ſurprenante depuis qu'on ſait que deux portions d'air inflammable, unies à une meſure d'air déphlogiſtiqué, produiſent, en les allumant avec une étincelle électrique, un poids d'eau égal à celui des deux airs ; expérience auſſi curieuſe qu'importante, tentée d'abord en Angleterre, & démontrée depuis peu en France.

Il ſeroit digne d'un homme de génie, doué du goût & de l'art des expériences, d'en tenter une en grand, analogue à celle de la formation & de l'aſcenſion des nuages ; l'on pourroit conſtruire pour cet objet une Machine aéroſtatique, dont l'enveloppe en ſoie ou en tout autre matière, ſeroit enduite d'un vernis réſineux propre à conſerver l'électricité des corps qui y ſeroient renfermés. Cette Machine ſeroit retenue ſur la partie de l'échafaud deſtiné à développer les vapeurs, par des cordons de ſoie qui ſerviroient à l'iſoler ; elle ſeroit remplie à la manière de M. de Montgolfier ; c'eſt-à-dire, au moyen d'un feu vif & clair ; mais l'on auroit attention de placer ſur le réchaud un grand éolipile plein d'eau, que le feu réduiroit bientôt en vapeur, & que la flamme porteroit dans toute la capacité du Ballon ;

(188)

l'on électriferoit fur-le-champ, à l'aide d'une bonne machine, & d'un conducteur difpofé pour cet objet, cette maffe de vapeur en activité; & après avoir armé l'enveloppe extérieure de quelques pointes propres à attirer l'electricité atmofphérique, on lâcheroit la Machine dans l'air, en la retenant avec de longs cordons de foie, pour être à portée par-là d'étudier les réfultats qu'elle préfenteroit, ou on l'abandonneroit à elle-même pour favoir combien de tems & à quelle hauteur elle fe foutiendroit dans l'atmofphère, & ce qu'elle y deviendroit en cet état.

L'on pourroit varier ces expériences de bien des manières; & fi je n'étois pas obligé d'abréger ce mémoire, qui n'eft déjà peut-être que trop long, je propoferois d'autres effais; car l'habitude de voir la Machine aéroftatique, & de l'étudier toutes les fois qu'on en a fait ufage, m'a fait naître quelques idées nouvelles, & des projets d'expérience, dont l'exécution ne me paroît point impoffible.

Enfin, pour en revenir au gaz de M. de Montgolfier, il refte encore une multitude de recherches à faire à ce fujet, & l'auteur en convient lui-même. La découverte eft fi nouvelle, qu'on s'eft plutôt occupé à faire de grandes & belles expériences avec un moyen facile, &

qu'on avoit pour ainfi dire fous la main, fans
frais, qu'à chercher à perfectionner le gaz,
ou à donner la préférence à d'autres qui pré-
fentoient de très-grandes difficultés : mais actuellement qu'on eft venu à bout d'enlever
des poids confidérables par ce premier moyen,
c'eft le moment de s'occuper à faire des recherches pour trouver des procédés plus commodes encore s'il eft poffible.

Le champ n'eft point auffi borné qu'on pourroit le croire ; car l'on peut varier les effais,
non-feulement avec diverfes efpèces de bois,
mais avec du charbon végétal, en le privant
de fon gaz méphitique dans l'inftant même où
il brûleroit, ou avec du charbon foffile; les
réfines, & d'autres corps combuftibles, qu'on
tenteroit de mêlanger avec des fubftances fa-
lines, fourniroient peut-être des moyens heureux qui fimplifieroient les opérations. Enfin
il refteroit à imaginer des fourneaux, des efpèces
de cheminées, ou même des poêles plus avantageux & plus économiques pour l'entretien des
Machines aéroftatiques, que le réchaud dont
on a fait ufage; & la chimie eft fi avancée
dans ce moment, qu'il faut efpérer qu'elle
nous fournira des moyens pour perfectionner
une découverte qui fera à jamais époque dans
les fciences.

DU CAOUTCHOUC,

Connu sous le nom de gomme élastique ; & de la manière de dissoudre cette substance.

LA gomme élastique se trouve dans la province des Eméraudes au Pérou, & découle d'un arbre nommé par les naturels du pays *hhévé*, qui jette par des incisions qu'on y fait, un suc laiteux qui s'épaissit en l'exposant au soleil ou à la fumée, & prend la consistance la plus forte ; on en fait dans le pays des flambeaux d'un pouce de diamètre sur deux pieds de longueur, qu'on enveloppe d'une feuille de bananier pour contenir la matière lorsqu'elle est enflammee, & comme cette substance gommo-resineuse s'allume avec facilité, ces flambeaux brûlent sans mèche.

L'arbre qui produit la gomme élastique, croît aussi sur les bords de la rivière des *Amazones* chez les *Omagnas*, & dans les environs de *Para* dans les missions espagnoles.

M. Fresnau, chevalier de l'ordre royal & militaire de S. Louis, & ingénieur à Cayenne, découvrit dans cette colonie, après de grandes recherches & beaucoup de peine, l'arbre qui produit la gomme élastique.

Voici la defcription qu il en donne lui-même dans un mémoire qu'il adreffa à M. de la Condamine en 1751.

« L'*arbre feringue*, ainfi nommé par les » Portugais du *Para*, *hhévé* par les habitans » de la province *Désmeraldaz*, & *caoutchouc* » chez les *Maïnaz*, eft fort haut, très-droit, » ayant une petite tête, & fans autres branches » dans toute fa longueur. Les plus gros dans » la *Guiana* n'ont guere que deux pieds de » diamètre, & toutes leurs racines font en terre. » Son tronc eft plus gros vers fa bafe, & écail- » leux à-peu-près comme une pomme de pin. » La feuille reffemble affez à celle du *manifle*, » c'eft-à-dire qu'elle eft compofée de plufieurs » feuilles de grandeur inégale, portées fur la » même queue, tantôt au nombre de cinq, » tantôt de quatre, & plus ordinairement de » trois. Les plus grandes feuilles qui occupent » le centre, ont environ trois pouces de lon- » gueur, & trois quarts de pouce de largeur ; » elles font d'un vert clair en deffus, & plus » pâles en deffous.

» Le fruit de cet arbre eft une coque triangu- » laire, femblable par fa figure au fruit du *ricin* » ou *palma chrifti*, mais il eft beaucoup plus » gros. La fubftance de la coque eft épaiffe » & ligneufe ; cette coque a trois tiges, qui

» renferment chacune une feule femence ovale
» & de couleur brune, où fe trouve une
» amande ».

M. Frefnau ne s'étoit pas contenté de faire
des recherches fur l'arbre qui produit la
gomme élaftique , mais il s'étoit appliqué à
des travaux chimiques fur cette matière ; il
avoit trouvé avant 1751, l'art de la diffoudre
dans l'huile de noix, en la tenant fimplement
en digeftion fur les cendres chaudes ou fur
un bain de fable , ainfi qu'on peut le voir
dans les Mémoires de l'académie royale des
fciences.

M. Berniard , chimifte laborieux & exact,
a fait auffi de nombreufes expériences fur la
gomme élaftique ; il a publié dans le tome
XVII du Journal de Phyfique, Avril 1781,
pag. 265, un mémoire très-intéreffant, dans
lequel on trouve plufieurs manières de diffoudre la gomme élaftique; l'on y apprend
que les huiles effentielles de lavande, d'afpic
& de térébenthine, expofées à la chaleur d'un
bain de fable, & mêlées avec de la gomme
élaftique, coupée en petits morceaux, ainfi que
les huiles tirées par expreffion, telles que l'huile
de noix, celles d'olive, de lin, de pavot, &c.
diffolvent la gomme élaftique ; mais l'efpèce de
vernis qu'elles forment dans cette circonftance,

eft

eft très-difficile & très-long-tems à fécher (1).

M. Berniard, au refte, ne faifoit pas toutes ces recherches dans l'intention de fe procurer des vernis à la gomme élaftique; fon but principal étoit de diffoudre cette fubftance, en lui confervant toute fon élafticité, afin de pouvoir lui donner des formes utiles & favorables aux arts, & c'eft à quoi il avoue qu'il n'a pu parvenir; de forte qu'on peut regarder les diffolutions qu'il a obtenues, plutôt comme la matière de la gomme élaftique réduite en une efpèce de mucilage, que comme une véritable diffolution, femblable à celle que fourniffent les corps véritablement réfineux, lorfqu'on les met en digeftion dans les efprits ardens.

Je ne confeillerois donc guère l'ufage de la gomme élaftique pour les Machines aéroftatiques, même en la diffolvant beaucoup mieux que ne l'ont fait MM. Robert; car un grand nombre de perfonnes poffèdent à Paris des échantillons du Ballon du Champ de Mars, qui ne font nullement fecs encore & qui fe collent étroitement les uns contre les autres,

---

(1) D'après des faits auffi pofitifs, je crois que MM. Robert ont eu tort d'avancer dans le Journal de Paris, qu'ils avoient trouvé l'art de diffoudre la gomme élaftique.

quoiqu'il y ait plus de deux mois qu'ils foient
vernis; ils font d'ailleurs pleins de grumeaux, &
une chaleur un peu forte fait fondre la gomme
élaftique qu'on y a employée.

Il vaut donc beaucoup mieux fe fervir du
vernis à la *copale* ou au *fuccin*, & l'on en
trouve de très-bien préparé chez M. Watin,
près de la porte Saint-Martin. Ces vernis fè-
chent au bout de deux ou trois jours, ils
donnent au taffetas du brillant, de la fouplefle,
& ils font imperméables à l'air. M. Meignier,
ingénieur en inftrumens de mathématique, dont
la probité égale les talens, & à qui l'on peut
s'en rapporter en toute affurance pour conftruire des Machines aéroftatiques en taffetas
ou en toile, en a fait plufieurs, & entr'autres,
un pour M. le duc de Crillon, en taffetas verni
à la gomme *copale*, qui a eu le plus heureux
fuccès, puifqu'il eft refté en l'air 12 heures, tandis
que celui du Champ de Mars ne s'y foutint
que quarante-cinq minutes.

Cependant comme il peut arriver des cas
à l'avenir où la gomme élaftique feroit utile,
je vais donner ici un procédé pour la diffoudre.

Prenez une livre d'efprit de térébenthine,
une livre de gomme élaftique, coupée en très-
petits morceaux avec des cifeaux; verfez l'efprit

de térébenthine dans un matras à long col, que vous placerez fur un bain de fable chaud, jettez la gomme élaftique, non à la fois, mais par pincées à mefure que vous appercevrez qu'elle fe diffout. Lorfqu'elle fera fondue, verfez dans le matras une livre d'huile de noix, ou de lin, ou de pavot rendue defficcative à la manière accoutumée, c'eft-à-dire avec de la litharge, vous laifferez bouillir le tout pendant un quart-d'heure, & la préparation fera faite.

LETTRE

A M. Faujas de Saint-Fond.

J'Apprens, Monfieur, que vous êtes fur le point de donner au Public qui l'attend avec impatience, un Précis hiftorique de la première expérience aéroftatique faite par MM. de Montgolfier à Annonay, de celle qui a été répétée à Verfailles par un des deux frères, & de celle qui fut faite le 27 août dernier au Champ de Mars.

Les liaifons que vous avez avec M. de Montgolfier, vous mettent fans doute plus à portée qu'un autre de rendre un compte exact de la belle & fublime expérience que les deux frères ont imaginée & exécutée les premiers à Annonay.

Ces mêmes liaifons & l'attention extrême que vous avez donnée à celle de Verfailles, jointes aux foins que vous avez pris pour en recueillir de la bouche des témoins oculaires tous les détails que vous n'avez pas pu voir par vous-même, doivent rendre le précis que vous vous propofez d'en donner, egalement exact & inftructif, & quant à l'expé-

rience faite au Champ de Mars le 27 août
dernier, vous en êtes certainement plus inftruit que perfonne, puifque c'eft vous qui
le premier avez fongé à répéter l'expérience
d'Annonay, qui avez imaginé la matiere dont
le Ballon devoit être fait, enduit & rempli,
qui pour obtenir les fonds néceffaires à la
conftruction de cette Machine, avez formé
& animé une foufcription nationale, & puifque c'eft vous enfin que cette foufcription
a nommé fon chef & à qui elle a donné fon
plein pouvoir pour diriger cette célèbre expérience.

Vous avez fait plus, Monfieur; animé du
défir d'immortalifer le nom des auteurs de
cette grande découverte, vous avez ouvert
une nouvelle foufcription pour préfenter à
MM. de Montgolfier une médaille frappée à
leur honneur, & qui fût un monument éter-
nel de leur gloire & de l'admiration de leurs
concitoyens.

Cette nouvelle foufcription vous a, ainfi
que la première, choifi pour chef du co-
mité qui devoir déterminer le deffin de la
médaille.

C'eft en cette qualité que vous avez bien
voulu adopter l'infcription que je vous ai
propofée pour cette médaille; & c'eft auffi,

comme au chef de cette foufcription, que
j'ai l'honneur de vous adreffer cette lettre,
dans laquelle je me propofe de répondre
aux principales objections que j'ai entendu
faire contre cette infcription.

Ce n'eft point feulement pour défendre la
propriété de l'expreffion de cette exergue, à
laquelle j'attache, comme vous le jugez bien,
très-peu d'importance, que je vais m'occuper ici avec vous de cet objet ; mais outre
que je fuis trop flatté de votre fuffrage pour
ne pas chercher à juftifier votre choix, c'eft
principalement pour faire fentir autant que je
le pourrai, la beauté & l'importance de la découverte à laquelle cette exergue fait allufion, que je vais difcuter les objections dont
il s'agit. Vous me permettrez s'il vous plaît
d'entrer en matière fans autre introduction.

Exergue de la Médaille.

A ETIENNE ET JOSEPH DE MONTGOLFIER,
POUR AVOIR RENDU L'AIR NAVIGABLE.

Des objections qu'on a faites contre cette
exergue, la première me femble être pure-
ment grammaticale & ne mérite pas, à ce
titre, un fort long examen.

La feconde attaque le fond de la penfée,

& tendroit fi, elle étoit fondée, à diminuer la beauté de la découverte de MM. de Mont-golfier ; je crois donc par cette raifon devoir m'en occuper plus férieufement & la difcuter avec toute l'etendue qu'elle exige.

La première objeQion fe réduit à dire qu'on vole dans l'air, qu'on nage dans l'eau & qu'on navige fur la furface de ce dernier élément ; que l'idée de navigation emporte celle d'un corps folide foutenu fur la furface d'un fluide ; que l'expreffion de *navigable* ne peut donc être appliquée à un fluide tel que l'air, fur la furface duquel aucun corps folide ne peut être tranfporté : que d'ailleurs ce n'eft point ici l'air qui a été rendu propre à tranf-porter des corps folides, mais que ce font des corps folides qui ont été rendus propres à être tranfportés dans l'air, & que par con-féquent l'expreffion de l'exergue eft inexaQe fous ces deux rapports.

Je réponds, que l'expreffion de *voler* & de *nager*, ne me paroît applicable avec quel-que propriété qu'à des animaux vivans ; que pour qu'un fluide puiffe être appelé naviga-ble, il importe peu que ce foit à la furface ou dans la profondeur même de ce fluide, que les corps folides foient tranfportés, & que fi ce n'eft pas, à proprement parler, l'air qui

a été rendu capable de tranfporter des corps
folides, mais fi ce font des corps folides qui
ont été rendus propres à être tranfportés dans
l'air, l'air n'en eft pas moins, par cette découverte, devenu capable d'opérer ce tranfport,
& qu'on peut donc ainfi dire métaphorique-
ment que cette découverte l'a rendu navigable. J'ajouterai que cette métaphore me femble même moins hardie qu'un grand nombre de celles qui font d'un ufage familier dans
notre langue, & que fi on fait attention à la
difficulte dont eft le ftyle lapidaire dans nos
idiomes modernes, il me paroît qu'on peut
& qu'on doit même admettre celle-ci fans
fcrupule.

Au refte comme cette objection ne porte
que fur la juftefse d'une expreffion à laquelle
je pcends un intérêt affez léger, je lui laifferai
volontiers toute la force qui peut lui refter, &
je pafferai à l'examen de la feconde objection,
qui pénètre davantage dans le fond de la queftion, & qui à toute forte d'égards, mérite une
difcuffion plus détaillée. C'eft à l'éclairciffe-
ment de cette objection que je vais donc
m'attacher, & que je veux confacrer le peu
de tems qui me refte pour vous écrire.

Les perfonnes qui font cette objection di-
fent que pour qu'un fluide puiffe être ap-

pelé navigable , il ne fuffit pas qu'il puiffe
tranfporter ou plutôt emporter quelques corps
folides ; mais qu'il faut qu'il puiffe tranfporter
des hommes , fans qu'ils courent un danger
prefque certain de périr ; que s'il y avoit
quelques mers fur lefquelles, de cent vaiffeaux qui y navigueroient, il en échappât à
peine un feul , on diroit avec beaucoup de
raifon & de propriété , que ces mers ne font
point navigables, & qu'il paroît par les feules
expériences aéroflatiques qui aient encore
été faites, que les hommes qui fe hazarde-
roient à naviguer dans l'air avec ces Machines,
y courroient au moins autant de rifques que
ceux qui navigueroient fur les mers dont nous
parlons.

On obferve que la Machine aéroflatique
d'Annonay , après s'être élevée à une affez
grande hauteur , n'y eft reftée que très - peu
de tems , & eft bientôt retombée par fon
propre poids , parce qu'elle n'a pas pu conferver le gaz qu'elle contenoit en affez grande
quantité pour la foutenir. On remarque que
celle de Verfailles , après s'être élevée à une
moindre hauteur que celle d'Annonay, a eu
précifément le même fort, & que le Ballon
du Champ de Mars après être monté à une
hauteur inconnue, & avoir parcouru un ef-

pace de dix mille toifes, a été déchiré dans
l'air par la rupture d'équilibre entre le reffort
du gaz qu'il renfermoit & celui de l'air
qui l'environnoit, de façon que ces expériences femblent bien plus faites pour effrayer
fur les dangers que courroient ceux qui ofe-
roient fe hazarder à voyager avec de femblables Machines, qu'elles ne font propres à
encourager à en faire ufage.

On obferve de plus que de ces Machines
fi fragiles & qui n'ont pu fe foutenir dans l'air
que fi peu de tems, il n'y avoit que celle de
Verfailles qui fût chargée de quelque poids,
& qu'il eft très-vraifemblable que les autres
auroient encore été bien plutôt endomma-
gées, & fe feroient foutenues bien-moins long-
tems, fi on leur eût donné à porter les poids
qu'elles devoient élever.

On ajoute enfin que quand on pourroit
faire ces Machines d'un tiffu affez ferré pour
ne point laiffer échapper le gaz qu'elles con-
tiennent, & affez folides pour réfifter à l'effort
du poids dont on les chargeroit, ou à celui
qu'elles pourroient éprouver par la rupture
d'équilibre entre le reffort du gaz qu'elles renferment & celui de l'air dont elles font en-
vironnées ; encore faudroit-il avoir le moyen
de les diriger à volonté, pour qu'elles puffent

être d'aucun usage & servir d'inftrument ä une
navigation proprement dite, & on finit par remarquer que puifque les moyens de diriger
ces Machines font inconnus, & que MM. de
Montgolfier n'en ont donné aucun, l'exergue
qui leur attribue la gloire d'avoir rendu l'air
navigable, paroît plutôt reffembler à une pro-
phétie ou même à une fanfaronade, qu'être
l'expreffion jufte & modefte de la découverte
de ces Meffieurs.

Cette objection raffemble bien des difficultés & mérite d'autant plus d'être difcutée
dans toutes fes parties, qu'elle paroît atta-
quer à la fois & ma fincérité, & la gloire de
MM. de Mongolfier.

Je déclare d'abord que loin d'avoir prétendu exagérer dans cette exergue l'importance de la découverte de MM. de Montgolfier,
je me reproche au contraire de n'avoir pu
en faire affez fentir le mérite; que je fuis in-
timément perfuadé que l'invention des Machines aéroftatiques renferme manifeftement
celle du moyen qui rend poffible la navigation
dans l'air, & que la poffibilité de cette navigation
m'a paru être une conféquence fimple, directe
& immédiate de cette découverte.

Je déclare de plus, que quoique MM. de
Montgolfier n'aient fait part au Public d'aucun

moyen de conduire à volonté les machines aéroftatiques dans l'air, je n'en fuis pas moins perfuadé qu'ils en connoiffent de très-bons.

J'ai entendu dire à M. de Montgolfier, qui eft actuellement à Paris, qu'il favoit des moyens de diriger en tous fens ces machines, & je le connois pour trop honnête, trop modefte & trop éclairé, pour avoir le moindre foupçon qu'il voulût fe vanter d'avoir une connoif-fance qu'il n'auroit pas, ou pour craindre qu'il ait pu fe tromper fur une matière qu'il doit avoir autant méditée.

Cependant comme MM. de Montgolfier n'ont point encore en effet communiqué au Public leur manière de fe rendre maître des mouvemens des Machines aéroftatiques dans l'air, & qu'il s'agit ici de juftifier mon exergue & fur-tout ma fincérité, j'indiquerai les moyens qui fe font préfentés à mon efprit pour di-riger ces Machines, après que j'aurai tâché de répondre aux difficultés qu'on propofe relati-vement à leur peu de folidité & d'imperméa-bilité, & j'attendrai avec grande curiofité que M. de Montgolfier ait enfeigné les moyens qu'il a pour conduire ces Globes, bien per-fuadé qu'ils feront meilleurs & préférables à tous ceux que j'ai pu imaginer. Revenons s'il vous plaît aux autres parties de l'objection.

(205)

Il paroît injufte de décider qu'aucune Machine aéroftatique ne peut fe foutenir long-
tems dans l'air, d'après trois premières expériences, dont deux n'étoient évidemment point
faites dans le deffein de les en rendre capables. MM. de Montgolfier n'avoient pour
objet, dans l'expérience d'Annonay, que de
montrer qu'un corps d'un poids confidérable
pouvoit s'élever de lui-même dans l'air & y
demeurer même quelque tems, & la matière
dont ils avoient fait leur machine, ainfi que
le peu de foin qu'ils avoient pris de la rendre
propre à conferver le gaz dont elle étoit remplie, prouvent fans replique qu'ils n'avoient
point eu pour but de la rendre propre à refter
long tems fufpendue dans l'air, & qu'ils ne
pouvoient avoir aucune efpérance à cet égard.

La Machine aéroftatique de Verfailles étoit
faite à la vérité, d'une matière plus folide que
celle d'Annonay, & fes parties en étoient réunies
avec plus de foin; mais il n'en eft pas moins
vrai que M. de Montgolfier n'avoit point prétendu qu'elle dût fe foutenir long-tems dans
l'air, & d'ailleurs la précipitation extrême avec
laquelle on fut obligé de la faire, avoit été
caufe qu'il y étoit refté dans le haut quelques
défauts, qui en ont occafionné la rupture.

Cette admirable expérience n'en prouve

pas moins deux chofes également importantes:
elle démontre d'abord, que ces Machines peuvent non-feulement s'elever d'elles-mêmes,
mais qu'elles peuvent encore enlever avec facilité les poids dont on les charge, pourvu
que ces fardeaux foient dans une proportion
convenable avec le volume & le poids de
la Machine ; cette expérience fert encore à
prouver, que, dans le cas où il arriveroit
quelqu'accident à ces Machines, elles retombe-
roient affez lentement, pour que les hommes
qui feroient tranfportés par elles, ne couruffent
aucun rifque d'être bleffés, & le bon état
dans lequel on a trouvé le mouton, qui étoit
fufpendu à cette Machine, ainfi que la tranquillité avec laquelle il broutoit le foin qui
étoit dans fa cage, font des fignes certains qu'il
n'avoit éprouvé aucune fecouffe ni aucune incommodité, foit en s'élèvant, foit en re-
tombant.

La Machine aéroftatique du Champ de Mars
étoit faite pour s'élever plus haut & pour fe
foutenir en l'air bien plus long-tems que les
deux dont nous venons de parler. Pour éprouver le taffetas dont ce Globe étoit compofé,
on en avoit fortement attaché un morceau fur
un récipient découvert, on avoit fait le vuide
jufqu'à ce que l'éprouvette fût defcendue au-

deffous d'un pouce ; on avoit répété cette
épreuve un grand nombre de fois, fans que
ce morceau de taffetas parût fatigué, & on
s'étoit ainfi affuré que cette étoffe étoit d'une
force confidérable & qu'elle étoit abfolument imperméable à l'air. Il ne manquoit,
pour avoir en petit une Machine auffi parfaite
qu'on pût la défirer, que de fe moins preffer
de jouir de cette expérience, & de donner à
l'enduit tout le tems néceffaire pour fécher.

Telle qu'étoit cette Machine, elle perdoit
peu de l'air inflammable dont elle étoit remplie, & fi l'on eût exécuté les ordres que
vous aviez donnés & que vous étiez en droit
de donner comme chef & fyndic des fouf-
cripteurs, le Ballon fe feroit foutenu bien plus
long-tems, & l'expérience eût été bien plus
inftructive qu'elle n'a pu l'être.

Vous aviez prévu, & tous les phyficiens
étoient en cela d'accord avec vous, que fi on
rempliffoit entièrement le Ballon, une fphère
d'un auffi grand diamètre ne pourroit réfifter
à l'expanfion de l'air inflammable qu'elle renfermoit, quand le reffort de ce gaz ne feroit
plus contre-balancé par un air affez denfe pour
lui oppofer une force égale à la fienne. Ce
Ballon etant en effet d'une légèreté beaucoup
plus grande qu'un volume d'air correfpondant

au fien, a dû monter à une hauteur, où l'air,
à caufe de fa grande expanfion, n'a pu s'oppofer au reffort du gaz qu'il renfermoit, &
où la force de l'étoffe n'a pu réfifter à fon
effort ; au lieu que s'il eût été moins rempli,
il feroit d'une part monté beaucoup moins
haut, & d'un autre côté le gaz ayant de l'efpace pour s'étendre, n'auroit pu employer fa
force à déchirer le Ballon. Il paroît hors de
doute que c'eft long-tems avant que le Ballon ait pu atteindre jufqu'à fon point d'équilibre, que s'eft faite la rupture qui a occafionné
fa chûte , & qui a privé le Public des connoiffances que le fuccès de cette expérience
eût pu lui procurer.

Si l'expérience eût auffi bien réuffi qu'elle
l'auroit dû, on auroit pu efperer de favoir à
quelle hauteur le Ballon feroit monté, quel
auroit été le tems qu'il auroit employé à s'é-
lever & à fe fixer à fon point d'équilibre, le
tems qu'il auroit pu fe foutenir avant d'avoir
perdu affez d'air inflammable pour devenir
plus lourd qu'un volume d'air atmofphérique
egal au fien, le chemin qu'il auroit fait pendant
cet efpace de tems , les vents qui auroient
régné dans ces régions fupérieures, &c.

C'eft pour obtenir ces réfultats fi intéreffans, que vous aviez ordonné le matin en ma
préfence,

préfence, de ne pas remplir le Ballon plus
qu'il ne l'étoit alors; mais l'opiniâtreté & la
charlatanerie des gens qui s'étoient emparés
de la Machine, fe font refufées à vos vues.
N'ayant eu d'autre mérite que celui d'avoir
coupé & enduit le Ballon, ils ont abfolument
voulu montrer au Public qu'ils favoient faire
une boule bien ronde, & ont tout facrifié à une
gloire auffi frivole.

Quoi qu'il en foit, il eft facile d'empêcher les
Ballons qu'on voudroit ainfi abandonner, de
fe déchirer, quelque légers qu'ils fuffent & à
quelque hauteur qu'ils puffent monter, & le
moyen que vous vouliez employer, qui con-
fiftoit à ne pas remplir entièrement le Ballon,
eft fimple & fuffifant.

Si on vouloit au contraire remplir exactement ces Ballons, on pourroit y ajufter une
foupape à reffort, par laquelle s'échapperoit
néceffairement le gaz qu'ils renfermeroient,
quand il viendroit à fe dilater au point de
vaincre la réfiftance du reffort de la foupape;
mais il faudroit, en ce cas, que cette réfiftance
fût moindre que celle de l'étoffe dont les
Ballons feroient compofés. Il eft évident que
par ce moyen le gaz renfermé dans ce Ballon ne pourroit le déchirer, puifqu'il trouveroit une moindre réfiftance dans le reffort

O

de la foupape qu'il n'en éprouveroit de la
part de l'étoffe, & il arriveroit alors que lorfqu'il feroit forti du Ballon une affez grande
quantité de gaz, pour que la force de celui qui
y refteroit ne fût pas fupérieure à celle de
l'air environnant, le reffort de la foupape
n'étant plus pouffé en dehors par une force
plus grande que celle de l'air extérieur, fe
rétabliroit de lui-même & refermeroit la foupape, & qu'ainfi la force expanfive du gaz feroit toujours à-peu-près en équilibre avec la
force de l'air, à quelque hauteur que les Ballons fuffent tranfportes.

Si en rempliffant exactement ces Ballons,
on vouloit empêcher encore plus fûrement
qu'ils ne fuffent déchirés par l'expanfion du
gaz qu'ils renferment & en prévenir en même-
tems toute déperdition, voici un autre moyen
qui répond à ces vues. En attachant au-deffous du Ballon rempli de gaz, & qu'on veut
abandonner, un Ballon d'une capacité à-peu-
près égale qu'on aura bien privé d'air atmofphérique, & en établiffant une communication libre entre les deux Ballons au moyen
d'un robinet ouvert, on fera fûr que dès que
le reffort du gaz contenu dans le Ballon fupérieur fera plus fort que celui de l'air environnant, le gaz paffera tranquillement dans

le Ballon inférieur & qu'il remontera enfuite
par fa légéreté dans le Ballon fupérieur, auffitôt que l'air environnant acquerra une plus
grande force comprimante; de façon que la
force du reffort du gaz & celle de l'air feront
toujours dans un parfait équilibre, & que le
Ballon n'aura aucun effort à craindre de la
part du gaz qu'il contient.

Au refte, comme mon but principal eft de
prouver la poffibilité de la navigation dans l'air,
& puifque les Ballons, avec lefquels on navigeroit, ne monteroient point avec un mouvement
auffi rapide que celui du Champ de Mars, &
ne pourroient par conféquent courir le rifque
dont il eft queftion, qu'à des hauteurs fi grandes
qu'elles pourroient être incommodes, ou ef-
frayeroient au moins l'imagination des premiers navigateurs ; il eft inutile d'en dire davantage fur cet article, & nous allons nous
occuper des précautions néceffaires pour garantir les hommes qui voudroient fe hazarder
à naviguer dans ce nouvel élément, de tous les
dangers auxquels cette tentative pourroit les
expofer.

Cependant, en obfervant que la Machine
de Verfailles & le Ballon du Champ de Mars
ont eté tous deux déchirés dans leur partie
fupérieure, & en faifant attention que la partie

fupérieure des grandes Machines aéroftatiques
eft celle qui fatigue le plus quand il s'agit de
les hiffer pour les remplir, & qui eft en même
temps la plus expofée à l'effort du gaz qui
tend toujours en haut; il paroît qu'il feroit
prudent de renforcer les parties fupérieures
de ces Globes, & de s'appliquer fur-tout à
connoître quelles font les qualités défirables
dans les matières qu'on voudroit employer à
la .conftruction de ces Machines.

Il eft effentiel pour affurer le fuccès des
voyages dans les airs, que les étoffes ou les
matières, dont feront compofées les Machines
aéroftatiques, foient affez fortes pour réfifter
à l'effort des poids dont elles feront chargées, & quoiqu'il foit à défirer qu'elles foient
légères, il eft encore plus important qu'elles
foient folides, parce qu'on peut fuppléer à la
légéreté des étoffes en donnant plus de volume aux Machines; & c'eft par conféquent à
fabriquer les étoffes les plus fortes, les plus
fouples, les plus légères & les plus ferrées qu'il
foit poffible, que les ouvriers qui travailleront
pour les Machines aéroftatiques doivent s'appliquer; mais à quelque degré de perfection
qu'on porte à cet égard la fabrication, il paroît
bien difficile qu'on puiffe jamais parvenir à
faire des étoffes d'un tiffu affez ferré, pour

qu'elles foient abfolument imperméables, foit
à l'air atmofphériqué, foit aux différens gaz fi
fubtils, dont les Machines aéroftatiques peuvent être remplies, fur-tout quand ces étoffes
feront tendues & tirées par les poids dont ces
Globes feront chargés. Il eft donc vraifem-
blable que les étóffes, quelles qu'elles foient,
auront toujours befoin d'être peintes pour être
employées aux Ballons aéroftatiques, & l'art
des vernis va par cette raifon acquérir un nouveau degré d'importance.

Les vernis propres à enduire les Machines
aéroftatiques, doivent être les plus folides, les
plus légers, les plus fouples & les plus inat-
taquables, foit à l'acide de l'air, foit aux différens gaz dont ces Machines peuvent être remplies. Il en exifte d'excellens, & qui ont toutes
ces qualités à un très-haut degré : les vernis à
la gomme élaftique, à la gomme copale & au
fuccin, font prefqu'également bons, & les
progrès rapides que les arts font fous nos
yeux, ne laiffent guère lieu de douter que tous
les objets qui entrent dans la compofition des
Machines aéroftatiques, ne parviennent bientôt à un degré de perfeâion difficile à être
furpaffé. Mais en rendant juftice à l'induftrie
humaine, j'avoue cependant que je fuis porté
à penfer qu'il eft à cet égard un point auquel

les arts ne pourront jamais atteindre, & que les membranes & les peaux des animaux auront toujours de l'avantage relativement à la force & à l'imperméabilité fur toutes les étoffes qu'on pourra inventer.

Peut-on croire qu'il exifte jamais une étoffe auffi fine que cette péllicule de l'inteftin du bœuf, dont on fait les petits Ballons qu'on vend maintenant à Paris, & qui foit en même-tems auffi imperméable, foit à l'air atmofphérique, foit à l'air inflammable? Les veffies des animaux ne font-elles pas d'un ufage plus fûr pour conferver de l'air, que toutes les étoffes que l'on pourroit fabriquer?

Les fables anciennes qui repréfentent les vents comme renfermés dans des outres, l'u-fage conftant de tous les ouvriers qui font les Ballons, avec lefquels on joue dans les collèges, & celui des ouvriers qui font les fouf-flets de toutes grandeurs, ne prouvent-ils pas que de tems immémorial l'expérience a appris que de toutes les fubftances qui ont quelque fouplelfe, la peau des animaux eft la plus pro-pre à conferver l'air qu'on lui confie?

Ce que nous venons de dire de l'imper-méabilité des peaux, comparée à celle des etoffes, peut avec autant de raifon fe dire de leur force. On ne connoît aucune étoffe qui

à épaiffeur égale, foit capable d'autant de réfiftance qu'un cuir bien tanné, & l'on peut
remarquer tous les jours, que lorfque les marchands veulent vanter la force d'une étoffe,
ils la comparent à celle du cuir par une efpèce
d'exagération.

Toutes ces raifons m'induifent à croire que
c'eft principalement fur les peaux des différens
animaux que l'induftrie devroit s'exercer pour
porter les Machines aéroftatiques au point de
perfection dont elles font fufceptibles ; &
comme, malgré toutes les qualités que nous
venons de lui reconnoître, le cuir a le défaut
d'être pefant, c'eft donc à lui oter cette imper-
fection qu'on devroit fur-tout s'appliquer ; &
l'on peut prédire fans crainte, que la nation
qui trouvera le moyen de rendre les cuirs plus
fouples & plus légers, en leur confervant leur
force, fera celle qui tirera les plus grands
avantages des Machines aéroftatiques.

Au refte, je ne veux point finir cet article
fans rendre compte d'une idée ingénieufe de
don Gauthey, qui peut être de quelque utilité,
& qui trouve ici fa place très-à-propos.

Il pourroit peut-être arriver qu'on trouvât
un jour quelque matière folide & fans fou-
pleffe qui feroit préférable au cuir même pour
la conftruction des Machines aéroftatiques, &

l'on fent qu'il feroit alors impoffible de les tordre ou de les comprimer pour en faire fortir l'air commun qu'elles contiendroient, avant de les remplir du gaz dont on voudroit les animer. Dans ce cas, don Gauthey propofe d'introduire dans le Ballon inflexible un autre Ballon d'un volume égal & d'une étoffe très-mince & très-fouple, telle que feroit du taffetas gommé, & qui feroit bien tordu, & par conféquent bien privé d'air. Il veut enfuite, qu'après avoir fait un petit trou au Ballon extérieur, ou y avoir pofé un petit robinet qu'on laiffera ouvert pour en laiffer echapper l'air, on lie fortement les deux Ballons au robinet, par lequel on introduira le gaz dans le Ballon intérieur & flexible. De cette manière, le gaz en rempliffant & en gonflant ce fecond Ballon, obligera tout l'air contenu dans l'autre à s'échapper par l'ouverture qu'on y aura faite à ce deffein : le Ballon intérieur étant d'un volume égal à celui du premier Ballon, celui-ci fe trouvera entièrement rempli de gaz, & tout-à-fait privé d'air atmofphérique; & bouchant enfuite le petit trou, ou fermant le petit robinet, on aura un Ballon folide, exactement rempli de gaz, & privé de l'air commun qu'il contenoit.

Ainfi, après avoir tâché d'indiquer la ma-

nière de conſtruire des Machines aéroſtatiques
ſolides, & avoir pourvu autant que nous le
pouvions à la ſûreté des hommes qui s'en
ſerviroient, nous allons nous occuper des
moyens qui nous ont paru propres à diriger
ces Machines, après avoir cependant dit un
mot des différens gaz qu'on peut mettre en
uſage pour leur donner de l'activité.

L'étude des gaz eſt aſſez nouvelle, & la
ſcience n'en eſt par conſéquent point encore fort étendue. On connoiſſoit quelques
gaz alkalins plus légers que l'air, & il paroît
que M. de Montgolfier emploie quelques
matières alkalines pour former le ſien. Ce gaz,
par la modicité de ſon prix & par la facilité
auſſi bien que par la promptitude avec laquelle
il eſt produit, a ſous ce rapport des avantages
infinis ſur tous les autres, & l'expérience de
Verſailles en fut une preuve évidente. C'étoit
une choſe véritablement admirable, & qui ſembloit tenir du prodige, que de voir une toile qui
ſervoit de tapis à un échaffaud, s'enfler graduellement par une cauſe inviſible, & préſenter
enſuite en ſept minutes de tems aux yeux de
cent cinquante mille ſpectateurs, une eſpèce de
Globe d'une forme & d'une grandeur majeſ-
tueuſe, qui s'éleva enfin de lui-même à la
hauteur de 300 toiſes avec tranquillité ; &

quand on venoit à apprendre que la caufe
d'un phénomène auffi impofant n'étoit due
qu'à la combuftion de 50 livres de paille &
de 5 livres de pouffière de laine, la furprife
qu'il avoit caufée étoit encore plutôt accrue
que diminuée.

Cependant quelqu'admirables que foient
les effets de ce gaz, comme il n'eft point
encore affez bien connu, & qu'on ignore à
quel point il peut être irréductible, je m'abf-
tiendrai d'en parler, & je laifferai au tems &
à l'expérience à faire juger de fon mérite.

Les meilleurs gaz à employer dans les
Machines aéroftatiques, feront toujours les
plus légers, les plus irréductibles, les plus
inaltérables, les plus faciles à faire, & qui
pourront être produits le plus promptement
& au prix le plus vil. C'eft fans doute à la recherche de pareils gaz que la chimie va s'occuper & foumettre, pour y réuffir, toutes les
fubftances de la nature, feules & combinées
à tous les degrés de feu & à tous les procédés
dont elle pourra faire ufage ; & fi la nature
lui en refufe de plus parfaits que ceux que
nous connoiffons, il faut au moins efpérer
qu'elle reuffira à rendre plus facile en grand
la manipulation de ceux qui font déjà trouvés.

L'air inflammable que vous aviez indiqué

pour remplir le Ballon du Champ de Mars, eſt, de tous les gaz connus, le plus léger; il n'eſt réduåible que par l'inflammation, & il eſt inaltérable au point d'avoir été conſervé des années entières dans des vaiſſeaux de verre, ſans avoir été détérioré. Mais ce gaz ſi parfait d'ailleurs, a le défaut d'être un peu cher & d'une manipulation aſſez difficile en grand. A l'égard de la manipulation, il ſemble qu'on ait déjà fait quelques progrès, & l'appareil dont on s'eſt ſervi dans une expérience que vous avez faite depuis peu, rend l'introduåion de cet air plus facile & moins dangereuſe pour le Ballon.

On doit ſe flatter de même, qu'une ſubſtance auſſi commune, & que la nature & les arts nous offrent à l'envi, deviendra bientôt à vil prix. On fait que la fermentation putride en produit beaucoup, que les eaux croupiſſantes & les marais en fourniſſent en abondance, & que dans les manufaåures de vitriol martial on laiſſe évaporer tout celui qui s'y forme : il paroît donc impoſſible que ce gaz ne diminue pas de valeur, quand on s'occupera à l'aller chercher dans les magaſins immenſes que la nature nous en préſente ; & que dans les atteliers où il s'en perd journellement des quantités conſidérables, on ſongera

à le conferver. Il eft même à préfumer, fi
l'air inflammable eft le gaz qu'on préfère pour
remplir les Machines aéroftatiques, que lorfque l'ufage de ces Machines fera devenu commun, il s'établira des marchands qui en feront
commerce, & qui en auront des magafins,
de façon qu'on n'aura plus la peine de le ma-
nipuler foi-même, & que cet air étant chez
les marchands, renfermé dans des outres, on
pourra remplir les Machines aéroftatiques,
quelque grandes qu'elles foient, fans le moindre embarras.

J'ignore en effet fi l'on s'eft affuré que l'air
inflammable des marais eft de la même légèreté que celui qui eft produit par la diffolution du fer par l'efprit de vitriol : on dit
celui tiré du zinc encore plus léger ; mais
comme celui qui eft produit par la diffolution
du fer, eft plus connu & plus éprouvé que
les deux autres, j'avertis que c'eft avec cet
air que je fuppoferai remplie la Machine
aéroftatique que je vais tâcher de diriger.

Il feroit à fouhaiter fans doute qu'on pût
fe paffer de tous ces gaz, quelque bons qu'on
les fuppofe, & qu'il fût poffible de faire avec
un métal quelconque, des Globes qui, fans
être d'une grandeur démefurée, & étant affez
folides pour fupporter un vuide intérieur

abfolu, fuffent pourtant affez légers pour
pefer moins que le volume d'air qu'ils déplace-
roient, quand on auroit pompé celui dont
ils feroient remplis. De telles Machines feroient
certainement plus folides & plus imperméables qu'aucune de celles qu'on pourroit faire
avec la meilleure étoffe ou le meilleur cuir,
& feroient auffi bien plus faciles à diriger
verticalement que celles qui feroient pleines
du meilleur gaz, puifque pour les faire plus
ou moins monter ou defcendre, il fuffiroit d'y
laiffer rentrer ou d'en faire fortir plus ou
moins d'air. Mais il eft dans prefque tous
les arts un point de perfeftion auquel on tend,
& dont on approche toujours fans pouvoir
l'atteindre ; & ce que je propofe ici eft peut-
être le point de perfeftion auquel les conftruc-
teurs de Machines aéroftatiques ne parvien-
dront jamais. Effayons donc de conduire des
Machines aéroftatiques remplies d'air inflammable, auffi parfaites qu'on puiffe les exécuter,
ou qu'on puiffe au moins raifonnablement
les efpérer.

J'avertis encore que fi je fuppofe mes Machines remplies d'air inflammable, ce n'eft
point que je prétende lui donner la préférence
fur le gaz de MM. de Montgolfier, & que c'eft
uniquement parce que je le connois davantage.

D'ailleurs, tout ce que je dirai des Machines remplies d'air inflammable, pourra s'appliquer, avec les changemens néceffaires, à celles qui feroient animées par le gaz de MM. de Montgolfier.

Je vous demande pardon, Monfieur, d'entrer dans tous ces détails dans une lettre qui vous eft adreffée ; je fais combien ces matières vous font familières, & fur tout ce qui y a rapport je me ferois affurément gloire de prendre de vos leçons; mais puifque vous voulez bien publier cette lettre à la fuite du Précis hiftorique que vous donnez de cette découverte, j'ai cru que, pour prouver la vérité de la penfée de l'exergue que vous avez bien voulu adopter, il falloit ne rien oublier de ce qui pouvoit montrer que la navigation dont il s'agit étoit non- feulement praticable, mais encore qu'on pouvoit efpérer qu'elle ne feroit ni très-difficile, ni très-périlleufe, & j'ai penfé que bien des perfonnes, pour qui ces matieres font abfolument nouvelles, me pardonneroient d'être entré, en en parlant, dans plus de détail que je ne m'en permettrois fur des fujets qui auroient été traités par d'autres, & qui feroient par conféquent plus connus.

Avant de fonger à diriger en tout fens une Machine aéroftatique, il faut d'abord s'occuper des moyens de la faire parvenir à la hauteur où on défire de la porter, & de la mettre en parfait équilibre avec la couche horizontale d'air dans laquelle on fe propofe de naviger. J'indiquerai enfuite les moyens que je crois propres à la faire monter ou defcendre à volonté, après quoi je tâcherai de la faire mouvoir horizontalement en tout fens, & il fera facile de comprendre que fi je réuffis à lui imprimer ces deux mouvemens, on pourra, en les combinant, diriger cette Machine felon tous les plans poffibles obliques à celui· de l'horizon.

Je fuppoferai donc que la Machine aéroftatique fur laquelle je veux m'embarquer eft très-grande, & capable d'élever des poids confidérables ; qu'elle eft très - folide, & qu'elle ne perd rien, ou ne perd qu'infiniment peu de l'air inflammable qu'on lui confie. J'y placerai deux robinets, l'un en haut, & l'autre en bas, & je la fuppoferai garnie de quelques échelles de corde, par le moyen defquelles deux hommes puiffent monter jufqu'au robinet fupérieur. Ce robinet étant ferme, je remplirai cette Machine par le robinet inférieur dans une proportion convenable ; & fi je prévois que je doive m'élever très-haut, j'attacherai en bas un autre Globe plus petit, avec lequel je laifferai à ma Machine une communication libre pour prévenir un accident pareil à celui qui eft arrivé au Ballon du Champ de Mars. Cette Machine étant remplie autant que je le défirerai, je la chargerai d'un poids un peu plus pefant que celui qu'elle peut enlever : ce poids confiftera en un bateau d'une conftruction très - légère, fur lequel j'embarquerai les hommes qui voudront naviger avec moi, & ce qu'il faut pour notre voyage. Le fond de ce bateau fera rond en dehors & en dedans, reprefentant un tonneau qui tiendroit toute la longueur du bateau; & quoique le refte du bateau doive être conftruit très - légèrement, le fond, ou cette efpèce de tonneau dont j'ai parlé, doit être fait avec la plus grande exactitude, & folide au point de fupporter qu'on y faffe, felon le befoin, ou un vuide intérieur abfolu, ou qu'on y condenfe l'air jufqu'à le faire pefer au moins le double de celui de l'atmofphère.

Je laifferai le fond de mon bateau plein d'air ordinaire; j'embarquerai quelques tonneaux auffi folides que le fond de mon bateau, qui feront abfolument privés d'air, & quelques autres remplis d'air inflammable; je prendrai de plus avec moi quelques flacons d'huile de vitriol, & j'acheverai le refte de mon left

avec

avec une quantité de limaille de fer beaucoup plus que fuffifante pour faturer l'huile de vitriol que j'aurai embarquée.

Les chofes ainfi préparées, je fongerai à mon départ, & j'obferverai de ne partir que quand le baromètre fera au terme moyen de fes variations, c'eft-à-dire, à-peu-près à vingt-huit pouces.

Je commencerai par jeter une partie de la limaille de fer fuperflue que j'ai embarquée, jufqu'à ce que je fois à flot, c'eft-à-dire, jufqu'à ce que j'aie perdu terre; & continuant ainfi à en jeter peu - à - peu, je m'éleverai infenfiblement jufqu'à ce que je fois en équilibre avec la couche d'air à laquelle je veux me fixer ; & l'on remarquera que je monte fans aucune fecouffe & fans aucun rifque, & que j'arrive à la hauteur fouhaitée avec la précifion qu'un grain de limaille de fer jeté de plus ou de moins peut procurer.

Arrivé à cette hauteur, je n'aurai guère, dans un voyage ordinaire & dans un tems calme, aucune raifon de défirer de monter, ni de defcendre. L'air étant à fon terme moyen de pefanteur quand j'ai quitté terre, quelques changemens que le baromètre puiffe enfuite indiquer dans cette pefanteur, les couches d'air avec lefquelles ces changemens me met-

P

tront en équilibre, ne pourront être fort éloignées de celle où je me ferai placé d'abord ;
& il doit m'être affez indifférent de naviger à
quelques toifes plus haut ou plus bas de la hauteur à laquelle je ferai monté en commençant mon voyage.

Je réferverai donc les moyens que j'ai de
m'élever ou de defcendre pour quelque occafion importante, & il peut s'en préfenter deux
de ce genre.

Premièrement je puis être incommodé par
le vent à la hauteur où je me trouve, & défirer par confequent d'en changer. Je me ré-
ferve de parler du parti qu'il faut prendre dans
cette circonftance, quand j'indiquerai les moyens
qu'on peut employer pour diriger horizontalement les Machines aéroftatiques.

Secondement je puis être obligé de paffer
par-deffus quelque haute montagne ; & c'eft
ici la chofe la plus difficile dans cette forte
de navigation. En effet, les montagnes font à
la navigation dont nous parlons, ce que les
caps font dans la navigation ordinaire ; & l'on
fait combien quelques-uns ont été anciforme-
ment, & combien quelques autres font encore aujourd'hui, difficiles à doubler.

Si je prévoyois que dans le cours de mon
voyage je n'euffe qu'une feule haute montagne

à franchir, je pourrois fans doute me charger,
en partant, de quelque poids inutile dont je
me déchargerois pour paffer par-deffus cette
montagne, comme j'ai jeté la limaille de fer
pour me porter à la hauteur à laquelle je vou-
lois me placer ; mais comme on ne pourroit
répéter ce moyen, & que je pourrois avoir plufieurs obftacles femblables à furmonter, & puifque d'ailleurs on peut, pour d'autres raifons,
avoir befoin de monter & de defcendre pendant
le cours d'un voyage, il vaut mieux chercher
des manières de s'élever ou de s'abaiffer, dont
on puiffe faire ufage auffi fouvent que le befoin
exigera de les employer.

Il me paroît qu'on ne peut trouver que
deux moyens phyfiques pour faire monter ou
defcendre à volonté les Machines aéroflatiques ; mais je crois qu'on peut encore fe fervir d'un moyen méchanique capable d'augmenter l'effet des deux autres, & je parlerai
dans l'inftant de ce dernier moyen quand il
fera queftion de diriger horizontalement ces
Machines.

Les deux moyens phyfiques qui peuvent
faire monter ou defcendre les Machines aéroftatiques, fe rencontrent dans les deux feuls
fluides defquels on puiffe difpofer quand on
eft tranfporté par ces Machines ; je veux par-

ler de l'air dans lequel on navige , & du fluide qui anime la machine qui vous tranfporte.

Pour monter il faut, ou diminuer la pefanteur du fardeau à élever , ou augmenter la force élevante de la Machine , & il doit être quelquefois néceffaire d'employer enfémble l'un & l'autre de ces moyens, quand on veut s'élever à une hauteur beaucoup plus grande que celle où l'on fe trouve.

Si j'ai befoin de m'élever, je commencerai donc par pomper l'air dont eft plein le fond de mon bateau, & je diminuerai ainfi le poids du bateau de celui de cet air que j'aurai pompe. Si cette manœuvre eft infuffifante pour m'élever auffi haut que je le veux, je pomperai tout ou partie de l'air inflammable que j'ai embarqué dans des tonneaux , je l'introduirai dans ma Machine par le robinet inférieur; & mes tonneaux fe trouvant abfolument vuides , j'aurai donc , par l'introdu&ion de cet air , augmenté la légèreté relative de ma Machine , & diminué encore le poids de mon bateau de celui de l'air inflammable qui étoit dans mes tonneaux. Ce moyen devroit fuffire feul pour m'élever à la plus grande hauteur, puifque je fuis le maître d'embarquer avec moi toute la quantité d'air inflammable qui peut m'être nécèffaire; & que pour qu'il tienne moins d'ef-

pace, je puis même le fouler & le condenſer
dans quelques-uns de mes tonneaux. Cependant ſi la quantité d'air inflammable que j'avois
embarqué ne ſuffit pas encore pour donner à
ma Machine la force de s'élever aſſez haut,
alors, avec l'eſprit de vitriol & la limaille de
fer que j'ai dans mon bateau, je ferai de l'air
inflammable, & je l'introduirai encore dans
ma Machine ; & s'il me reſtoit quelque petite
hauteur à gagner, je jetterois à terre le réſidu
de la diſſolution de la limaille par l'acide
qui me deviendroit inutile ; & en ſoulageant
encore mon bateau de ce poids, & en ajoutant à tous ces moyens la force méchanique
dont il me reſte à parler, il faudroit que la
hauteur à laquelle je veux m'élever fût à une
diſtance verticale, immenſe de celle dont je
pars, pour que je ne puſſe pas l'atteindre.

Tous les effets de ces divers moyens ſont
calculables ſelon les différentes ſuppoſitions
qu'on voudra faire ; mais il me ſemble, par un
ſimple apperçu, que la réunion de ces moyens
doit porter une Machine aéroſtatique à la plus
grande hauteur où l'on puiſſe avoir beſoin de
la faire monter, ſur-tout ſi l'on réfléchit que
quelqu'un qui prévoit qu'il lui ſera néceſſaire
de s'élever extraordinairement haut, commen-
cera par s'établir à une hauteur aſſez grande

pour qu'il ne lui foit point enfuite impoſſible d'atteindre celle à laquelle il veut enfuite fe porter.

Après m'être élevé auſſi haut, & avoir franchi un pas auſſi difficile, il faudra defcendre ; & cette marche eſt bien plus facile, au moins eſt-on toujours plus fûr de defcendre auſſi bas que l'on veut, que de s'élever à la hauteur qu'on defire, fi cette hauteur eſt extrême. Je commencerai donc pour defcendre, par condenfer l'air dans le fond de mon bateau ; faifant enfuite rranfporter, l'un après l'autre, des tonneaux vuides au haut de ma Machine, j'y ferai paſſer par le robinet fupérieur partie du gaz qu'elle contient ; & faifant redefcendre dans le bateau les tonneaux à mefure qu'ils feront remplis d'air inflammable, je diminuerai par ce moyen la légèreté relative de ma Machine, & j'augmenterai le poids de mon bateau de celui de l'air inflammable que j'aurai introduit dans les tonneaux. Si cette manœuvre ne me fait defcendre aſſez bas, je pourrai condenfer mon air inflammable dans plufieurs tonneaux, afin qu'il m'en reſte quelques-uns de vuides, dans lefquels après avoir laiſſé entrer l'air atmofphérique, je pourrai l'y condenfer pour augmenter encore le poids de mon bateau, & le faire ainfi defcendre auffi bas que je le defire.

J'aurai donc confervé tout mon air inflammable, & je pourrai par conféquent m'élever encore à une hauteur égale à celle où je me fuis porté précédemment, & fi j'ai perdu pour defcendre, le poids de la limaille de fer & de l'efprit de vitriol que j'avois embarqué, on voit que j'y ai fuppléé par celui de l'air condenfé que j'ai fait entrer dans des tonneaux qui étoient auparavant abfolument vuides.

Cependant fi je m'apperçois que ma Machine ait laiffé échapper du gaz qu'elle contenoit, & que je craigne par cette raifon que l'acide & la limaille que j'ai perdus ne viennent à me manquer, alors ouvrant peu-à-peu le robinet fupérieur de la Machine, j'en laiffe échapper autant de gaz qu'il faut pour la faire defcendre tranquillement ; je mets alors doucement à terre, & je vais me pourvoir de ce dont je crois avoir befoin pour continuer ma route.

On voit donc qu'il eft très-facile de faire monter & defcendre les Machines aéroftatiques, quand les hauteurs auxquelles on veut les porter, ne font pas infiniment diftantes les unes des autres, & qu'il eft même poffible de leur faire parcourir, en montant & en

descendant, une ligne verticale affez grande
pour fournir·à tous les befoins de cette efpèce
de navigation. Voyons maintenant s'il fera
plus difficile de les diriger horizontalement,
& terminons ce qui nous refte à dire pour
juftifier notre exergue.

En partant du principe, que tout corps en
équilibre avec le fluide dans lequel il eft fuf-
pendu·n'a nulle pefanteur, on doit fentir que
la moindre force fuffit pour le mouvoir dans
ce fluide dans le fens horizontal felon lequel
elle agit, fur-tout fi ce fluide a peu de denfité
& de tenacité. Ma Machine aéroftatique étant
toujours en équilibre avec la couche d'air dans
laquelle elle fe fixe, il fuffira par conféquent
d'une force infiniment petite pour la mouvoir,
& pour diriger fon mouvement dans tous
les fens que l'on voudra dans le plan horizontal de cette couche.

J'ajufterai donc à mon bateau des rames
larges & légères, faites fi l'on veut, avec de
larges bandes de fort parchemin, & difpofées
proportionnellement au nombre des hommes
dont je pourrai employer les forces. C'eft
avec ces rames que je compte diriger horizontalement mon bateau dans un tems calme,
& je ne crois pas qu'il foit a craindre que je
ne puiffe pas y parvenir par leur moyen.

Quand on réfléchit fur le vol des oifeaux, peut-on s'empêcher de penfer qu'il faut que l'air ait un reffort qui réagiffe avec une force extrême, quand il a été tendu & comprimé par un mouvement un peu violent ? Comment fans cela pourroit-on concevoir que les oifeaux en le frappant avec leurs aîles, puffent non-feulement diriger, mais encore foutenir & élever dans ce fluide un corps mille fois plus pefant que lui ; or, fi le mouvement qu'impriment à l'air les aîles des oifeaux eft capable de produire cet effet étonnant, comment pourroit-on douter que le mouvement de nos rames ne pût diriger un corps dont la pefanteur eft nulle, & qui n'oppofe ainfi aucune réfiftance au mouvement horizontal qu'on lui imprime ?

La nature nous indique elle-même quelle eft la grande différence entre la force qu'il faut employer pour faire mouvoir dans un fluide un corps beaucoup plus pefant que lui, & celle qui fuffit pour y faire mouvoir un corps dont la pefanteur approche de celle du fluide dans lequel il eft plongé ; & la diffé-rente ftructure des animaux qui font dans ces rapports différens de pefanteur avec le fluide dans lequel ils fe meuvent, en eft, fi l'on peut ainfi parler, une *démonftration naturelle.*

Les oiseaux sont, comme on l'a dit, à-peu-près mille fois plus pesans que l'air, & la pesanteur des poissons est presqu'égale à celle de l'eau ; la nature en conséquence a donné aux oiseaux un très-petit corps & de très-grandes aîles, tandis qu'elle a formé les poissons avec de très-gros corps & de petites nageoires : encore les naturalistes ont-ils attribué une force prodigieuse aux muscles des aîles des oiseaux, tandis qu'ils ne disent rien de semblable de celle des nageoires.

Ces nageoires, toutes petites qu'elles sont, suffisent cependant pour faire mouvoir les poissons, non-seulement dans toutes les directions horizontales, mais il paroît même certain qu'elles suffisent encore à les faire monter & descendre dans l'eau avec une grande vitesse ; & quoique les poissons, quand ils ne sont agités par aucune passion, puissent peut-être monter ou descendre lentement dans l'eau par la compression ou par la dilatation seules de leurs vessies, il ne faut qu'observer la manière dont ils montent ou descendent en certaines occasions, pour être sûr que ces mouvemens n'ont point pour cause le plus ou le moins de volume qu'ils donnent à leurs corps, & qu'ils sont au contraire l'effet de l'action seule de leurs nageoires, aidée par celle de leur queue.

Si le mouvement des poiffons, en montant
& en defcendant, étoit produit par le plus
ou moins de volume que leur veffie eft fuppofée leur donner, ce mouvement fuivroit
les loix auxquelles font affujettis tous ceux
qui font l'effet de la pefanteur. Il feroit très-
lent dans les premiers inftans, & augmente-
roit de vîteffe à mefure qu'il feroit continué ;
& l'on voit au contraire, dans une eau claire,
les poiffons s'elancer & partir avec vîteffe du
fond de l'eau, pour venir à la furface chercher le pain qu'on leur jete, comme on les
voit fe précipiter au fond de l'eau, lorfque
quelque objet leur fait peur à la furface.

Il paroît donc qu'il peut refter pour conftant qu'independamment de la compreffion
ou de la dilatation de leurs veffies, les poiffons montent & defcendent dans l'eau par la
feule action de leurs nageoires ; & l'air dans
lequel eft fufpendue notre Machine, ayant beaucoup moins de denfité & de tenacité que l'eau
dans laquelle nagent les poiffons, il doit donc
à plus forte raifon paroître certain que les
rames dont nous avons garni notre bateau,
font fuffifantes pour lui faire exécuter non-
feulement tous les mouvemens horizontaux
qu'on peut défirer, mais encore pour le faire
monter ou defcendre d une certaine quantité,

felon la force & la direction qu'on donnera
à leur mouvement. Et tel eft le méchanifme
dont nous avons parlé, & que nous avons dit
devoir aider les deux moyens phyfiques que
nous avons précédemment employés pour
faire monter & defcendre notre bateau.

Après avoir ainfi propofe les moyens de
diriger verticalement & horizontalement les
Machines aéroftatiques, & par conféquent de
leur faire aufli parcourir tous es plans poffibles, obliques à celui de l'horizon, il fem-
bleroit que ma tâche eft remplie, & que j'ai
fuffifamment juftifié l'exergue qui m'a engagé
dans cette difcuffion ; mais je n'ai point oublié
que j'ai fait jufques ici abftraction du vent, &
je ne prétends point diffimuler qu'il doit jouer
un grand rôle dans la navigation dont il s'agit.
Nous allons donc nous en occuper maintenant, & examiner quels obftacles il peut
nous oppofer, quels dangers il peut nous
faire courir, & quels fecours il peut aufli
nous prêter.

S'il eft facile de diriger les Machines aéroftatiques dans un tems abfolument calme, il
paroît qu'il doit être extrêmement difficile
de les gouverner auffitôt que l'air vient à être
agité. Le volume des Machines capables
d'élever des poids confidérables, doit être

immenfe ; le vent doit donc exercer fur elles un empire proportionné à cette immenfité, & les poids qu'elles peuvent enlever, quelque confidérables qu'on les fuppofe, femblent offrir des reffources bien foibles pour pouvoir oppofer des forces fuffifantes à une puiffance qui paroît auffi irréfiftible.

C'eft en cela que me femble effectivement confifter la grande difficulté de cette efpèce de navigation, & je ne me flatte pas affurément de la lever entièrement, c'eft à quoi de longues méditations & une expérience encore plus longue pourront un jour parvenir. Dans tous les ouvrages de l'induftrie humaine ainfi que dans ceux de la nature, il eft un point de maturité que le tems feul peut amener, & il eft impoffible qu'un art qui n'eft pas encore ébauché, foit capable, en commençant, de furmonter tous les obftacles que la nature femble lui oppofer.

Quand on fe rappelle combien la navigation maritime eft ancienne, & combien fes progrès ont été lents ; & quand on confidère en même-tems combien les naufrages, fi fréquens fur les côtes, & qui ne font même que trop communs en pleine mer, prouvent que cet art a encore befoin d'être perfectionné, on ne peut exiger fans doute que la navigation dont il eſt ici queſtion, puiſſe à ſon début atteindre à une perfection dont la navigation maritime eſt encore ſi éloignée.

Voyons cependant comment on peut affoiblir la difficulté que je me ſuis propoſée, comment ſi l'on ne peut la réſoudre, on peut au moins, en bien des cas, l'éluder, & tâchons de montrer qu'il eſt même très-vraiſemblable que ce qui paroît nous préſenter d'abord un obſtacle inſurmontable dans cette navigation, doit un jour, par les ſecours réunis de l'art & de la nature, contribuer à ſon ſuccès & à ſa ſûreté.

La puiſſance du vent doit ſans doute être très-grande ſur les Machines aéroſtatiques ; auſſi ne faut-il pas eſpérer qu'on puiſſe avec les ſecours des rames, ſurmonter la force d'un vent abſolument contraire & violent. Il faut donc imiter les marins qui ſe gardent bien de partir dans telles circonſtances, & attendre, comme ils font, que le vent change & ſe ſoit appaiſé.

Si le vent, ſans être tout-à-fait favorable, n'eſt pas abſolument contraire, & s'il eſt en même-tems modéré, alors il faut encore imiter la manœuvre qu'on emploie ſur mer, & ſi l'on ne peut pas aller droit à ſon but, il faut louvoyer, & il eſt très-vraiſemblable qu'en ſe fervant bien de fes rames, on pourra quoique par une navigation plus longue, atteindre cependant le terme qu'on s'eft propofé.

Il femble qu'il eft naturel de fuivre pas à pas l'exemple des hommes, qui les premiers fe font hafardés à naviguer fur la mer, & que dans les commencens il feroit prudent de ne s'éloigner ainfi qu'ils faifoient, que le moins qu'on pourroit de terre, de ne pas entreprendre de longs voyages, & de ne partir qu'avec un vent favorable.

Si le vent venoit à changer pendant le cours de la navigation, ou fi le tems devenoit orageux, on devroit mettre à terre, comme le pratiquoient encore les premiers navigateurs, & ne fe rembarquer que quand le beau tems & un bon vent y engageroient.

Avec ces précautions on courroit peu de danger, on s'appliqueroit chaque jour à étudier l'elément dans lequel on navigeroit, les périls auxquels il expofe & les reflources qu'il peut offrir, & on fe hafarderoit peu-à-peu davantage.

Mais quand une plus longue expérience auroit donné des connoiffances plus fûres & plus étendues, & qu'on fe feroit tout-à-fait familiarifé avec ce que cette navigation a d'abord d'effrayant pour l'imagination, alors l'audace

fuccéderoit à la timidité, on pourroit tenter
des entreprifes aufſi étonnantes dans leur
genre, que celles que les marins exécutent de
nos jours, & on auroit pour les mettre à fin
des moyens qui manquent à nos plus grands
hommes de mer.

Il faut obferver que lorfqu'on navige fur la
mer, on eſt obligé pour faire route, de ſe
ſervir du vent qui régne à ſa furface, tandis
que ceux qui navigeroient dans l'air auroient
à choiſir dans ſa profondeur les vents qui
pourroient leur convenir ou les couches d'air
qui ne ſeroient point agitées.

Les vents font dans l'air, ce que les courans font dans la mer, & il eſt certain que dans
ce dernier élément il exiſte des courans différens à des profondeurs différentes. On en connoît pluſieurs exemples, & on en a trouvé entr'autres, dans le détroit de Gibraltar deux
abſolument contraires placés l'un au-deſſus de
l'autre, & de l'exiſtence deſquels on s'eſt aſ-
ſuré par des moyens très-ingénieux.

Il eſt également certain que la même différence entre les courans à des profondeurs différentes, exiſte dans l'air, & il eſt même impoſſible que la choſe ſoit autrement, puiſque
dans tout fluide, qui par ſa nature tend au
niveau, & à ſe mettre en équilibre avec lui-
même,

même, il faut bien que des courans affluans viennent perpétuellement remplacer le fluide qui eſt emporté par un autre courant.

Au reſte tous les phyſiciens qui ont écrit ſur les vents, ſont d'accord en ce point. Il n'en eſt aucun qui ne tâche de deviner quels ſont les vents qui régnent le plus conſtamment à différentes hauteurs dans les différentes régions de la terre, & qui ne s'efforce d'appuyer ſon opinion ſur des raiſons plus ou moins plauſibles.

On a d'ailleurs tous les jours ſous les yeux des exemples de ce phénomène. Il eſt très-commun de voir des nuages élevés à différentes hauteurs, aller dans des ſens différens. On voit ſouvent les girouettes indiquer un courant dans l'air, & la direction du mouvement des nuées en indiquer un autre, & il ne faut même que faire attention à ce qui ſe paſſe dans un jardin dans lequel on brule des feuilles, pour obſerver quelquefois trois vents différens à des hauteurs différentes, & qui ſont indiqués par les directions diverſes de la fumée des feuilles, des girouettes & des nuées.

D'après ces réflexions & ces exemples, on ne peut guère douter qu'en s'élèvant à différentes hauteurs, on ne trouvât quelque part des vents favorables & propres à faire par-

venir au terme que l'on se seroit proposé , &
comme on a d'ailleurs des moyens de monter
& de descendre à volonté très-faciles , la
force du vent & la puissance qu'il exerce sur
les Machines aérostatiques , loin d'être toujours
un obstacle , paroît plutôt devoir devenir un
jour un secours assuré dans la navigation qui
nous occupe.

S'il arrivoit cependant quelquefois que dans
les diverses hauteurs, auxquelles on se porteroit, il ne se trouvât pas un vent assez favorable pour qu'on voulût se laisser guider par
lui & suivre precisément sa direction , outre
qu'on pourroit alors , ainsi que nous l'avons
dit précédemment , louvoier par le moyen de
ses rames & parvenir ainsi quoique plus lentement à son but , il existe encore dans ce cas
une autre ressource aussi sûre & plus commode
que nous allons indiquer.

Entre deux courans d'un fluide , l'un supérieur & l'autre inférieur , qui ont des directions différentes , il se trouve toujours une
couche plus ou moins large de ce fluide , qui
ne participe ni de l'une ni de l'autre des directions de ces courans , & qui est absolument
tranquille. C'est une loi qu'on a vu constam-
ment observée dans la mer entre les courans
supérieurs & inférieurs qu'on y a reconnus,

& qu'on auroit pu vérifier avec encoré plus
de facilité entre les courans supérieurs & inférieurs de l'air, fi l'on avoit eu quelqu'intérêt
à s'en assurer.

Je me rappelle à ce sujet, que dans un mémoire excellent, relatif à l'électricité, que lut
le docteur Franklin à une rentrée de l'académie des sciences, cet homme célèbre à tant
de titres indiqua une expérience qu'il avoit
faite, & qui a un rapport immédiat à l'objet
dont il est ici question.

Il y parloit, à ce qu'il me semble, de deux
chambres, dans l'une desquelles l'air étoit
plus échauffé que dans l'autre, & entre lesquelles on ouvrit une porte de communication ; on plaça dans l'ouverture de cette porte
trois bougies allumées une au haut, une autre
au bas & la troisième au milieu de la hauteur
de l'ouverture. On vit aussi-tôt s'établir deux
courans d'air, l'un supérieur & l'autre inférieur, qui avoient des directions opposées.
L'air de la chambre la plus échauffée passoit
dans la chambre la plus froide par le haut de
l'ouverture de la porte, & chassoit la flamme
de la bougie la plus élevée du côté de la
chambre la plus froide. L'air de la chambre
la plus froide au contraire, passoit dans la
chambre la plus chaude par le bas de cette

Q ij

ouverture, & pouffoit la flamme de la bougie
la plus baffe du côté de la chambre la plus
chaude, tandis que la flamme de la bougie
qui étoit au milieu de la hauteur de l'ouverture, refta abfolument tranquille.

Ce qui fe paffe en petit dans cette jolie expérience, doit néceffairement arriver en grand
dans tout fluide, dans lequel il exifte deux
courans, dont l'un eft fupérieur à l'autre, &
qui ont des directions oppofées, parce que la
couche fupérieure du courant inférieur, faifant effort pour pouffer la couche inferieure
de la zone qui fe trouve entre ces courans
dans le fens de fa direction, tandis que la couche inférieure du courant fupérieur fait effort
pour pouffer la couche fupérieure de la zone
mitoyenne en fens contraire ; le repos abfolu
de cette zone doit être le réfultat de ces
deux forces égales & oppofées.

Il exifte donc toujours dans l'air, ainfi que
dans tout fluide, une zone tranquille entre
deux courans oppofés, dont l'un eft fupérieur
à l'autre, & c'eft dans cette zone tranquille
que je propofe de faire agir les rames & de
pourfuivre ainfi fa route, fi le vent fupérieur
ni le vent inférieur ne conduifoient pas directement au lieu où l'on a deffein d'aller.

Il fe préfente encore un moyen de faire

ufage du vent pour diriger les Machines aéroftatiques, que je ne hafarde ici qu'en tremblant,
parce que l'envie extrême que j'ai que cette
lettre ait l'avantage de paroître avec votre
ouvrage, me prive du tems néceffaire pour
l'examiner.

Quoiqu'il foit bien difficile de concevoir
qu'on pût adapter au bâteau ou au Globe des
voiles qui fuffent affez légères pour ne pas
trop charger la Machine, & pour pouvoir être
commodément manœuvrées, & qui fuffent cependant affez fortes & affez étendues pour
gouverner une Machine aéroftatique, & furmonter la puiffance que le vent doit exercer
fur elle, l'art ne pourroit-il pas venir à bout
d'en faire qui puffent au moins aider, ou contrarier, ou modifier l'effet que la puiffance du
vent fur la Machine lui donne fur le bateau?

Quoi qu'il en foit, au refte, de la poffibilité de ce dernier moyen de faire fervir
la force du vent à la direction des Machines
aéroftatiques, il réfulte toujours des confidérations précédentes, que lorfque l'expérience
aura donné des connoiffances plus exactes &
plus détaillées fur les différens courans de l'air,
& qu'elle aura raffuré l'imagination des hommes fur les dangers qui pourront effrayer les
premiers navigateurs de cette efpèce, alors il

eſt plus que vraiſemblable qu'ils auront à choiſir, ou de naviger dans une zone abſolument
tranquille par le moyen des rames, ou de
chercher à diverſes hauteurs un vent qui les
conduiſe au terme où ils ont deſſein d'aller.

Mais cette navigation dont l'idée ſeule al-
larme tant l'imagination, ſeroit-elle en effet
auſſi dangereuſe qu'elle le ſemble d'abord ?
Je ne le crois pas, & je ſuis même perſuadé
qu'avec quelque prudence la navigation dans
l'air ſeroit tout au plus auſſi dangereuſe que
ſur la mer; il y a mille dangers qu'on court
ſur mer, dont les navigateurs de l'air ſeroient
exempts, & il y en a peu de ceux qu'on
pourroit courir dans l'air, qui n'ayent également-
ment lieu ſur mer.

Dans la navigation aërienne on n'auroit à
craindre ni bas fonds ni écueils, ou au moins
ſeroient-ils bien plus connus, bien plus faciles
à appercevoir & bien moins dangereux, puiſque ſi on échouoit pendant une nuit obſcure
ſur le penchant de quelque haute montagne,
la Machine qui vous ſoutiendroit à la hauteur
où elle auroit rencontré la montagne, vous
empêcheroit de tomber dans les précipices qui
pourroient s'y rencontrer, & vous donneroit
le tems de vous élever plus haut que la montagne elle-même.

(247)

Il réfulte des expériences de Verfailles &
du Champ de Mars, qu'avec le vent le plus
foible les Machines aéroftatiques parcour-
roient un efpace horizontal de cent cinquante-
fix lieues en un jour. Cette viteffe eft au moins
quadruple de celle que le même vent donneroit à un vaiffeau fur la mer, & en diminuant
le tems des voyages, elle abrégeroit auffi la durée des périls auxquels ils pourroient expofer.

Comme cette navigation feroit peu d'ufage
pour paffer par-deffus de grands efpaces occupés par la mer, on auroit bien plus de facilité pour faire de fréquens rélâches, qu'on ne
peut en avoir fur ce dernier élément, & cette
facilité peut faire éviter bien des dangers auxquels on eft obligé de refter expofé fur la mer,
& procurer bien des commodités, dont il faut
fe priver dans la navigation maritime.

S'il arrive que le fond du bateau vienne
à fe disjoindre & laiffe quelque paffage à l'air,
outre qu'on peut alors faire ufage des pompes, comme on le pratique fur mer quand
le vaiffeau fait quelque voie d'eau, on peut
encore chercher & corriger ce défaut très à
fon aife, & l'on n'eft point gêné dans l'air pour
cette opération, comme les plongeurs le font
dans l'eau.

Enfin, fi la Machine elle-même fe déchire
Q iv

au point de ne pouvoir être raccommodée en navigeant, ce qui peut arriver alors de plus fâcheux du plus grave des accidens, fe réduit pourtant à tomber doucement comme a fait la Machine de Verfailles, & le raifonnement fert à confirmer qu'une chûte de ce genre ne peut être violente, ni par conféquent dange-reufe, parce qu'en proportion du gaz qu'elle perd, la Machine fe met en équilibre avec la couche d'air plus pefante, dans laquelle elle defcend, & que recommençant ainfi à chaque inftant une nouvelle chûte, fa defcente ne peut jamais être accélérée ; & tel eft encore en ceci l'avantage immenfe de la navigation aérienne fur la maritime, que la chûte au fond de l'élé-ment qui nous foutient, n'eft dans l'une qu'un inconvénient très - léger, tandis que dans la navigation maritime un pareil malheur eft tou-jours fuivi d'une mort inévitable (1).

L'expérience pourra quelque jour confir-mer ce que j'ofe prédire, & prouver combien feront peu confidérables les dangers de cette

(1) On prétend que pour 1100000 livres on pourroit faire une Machine aéroftatique capable d'enlever un poids auffi confidérable que celui dont étoit chargé *la Ville de Paris*. Si cela eft vrai, une pareille Machine ne coûte-roit donc guère plus que n'avoit coûté ce beau vaiffeau, & ne pourroit affurément avoir un fort plus funefte.

navigation quand on s'y fera fuffifamment exercé ; mais je n'en penfe pas moins qu'il eft néceffaire d'ufer des plus grandes précautions
dans les premiers effais qu'on en tentera, &
qu'avant d'abandonner à eux-mêmes des hommes avec de femblables machines, il faut s'ê-
tre affuré par des epreuves reitérées, qu'ils
font parfaitement en état de les diriger, &
fur-tout de les faire defcendre précifement
à la place où ils veulent ; autrement les chûtes,
quoique douces & lentes, pourroient encore
être dangereufes, puifque quelque doucement
que des hommes tombaffent, par exemple, fur
un clocher, fur le toît d'une maifon, fur un
grand arbre ou dans une rivière, il feroit à
craindre qu'ils ne fe bleffaffent ou même qu'ils
ne périffent. Il fera donc effentiel dans les
premières tentatives de ne lâcher la Machine
qu'au bout d'une corde affez forte pour la retenir & la diriger fi l'on s'appercevoit que les
hommes qu'elle porteroit n'en fuffent pas abfolument les maîtres, & de ne pas oublier qu'on
mène les enfans à la lifière avant de les livrer à
leurs propres forces, & que cet art eft affez près
de fa naiffance, pour qu'on doive le regarder
comme étant encore dans la première enfance.

Mais enfin, dira-t-on, quand cette navigation
pourroit réuffir jufqu'à un certain point, de

quel ufage fera-t-elle ? Ne préférera-t-on pas toujours de voyager par terre ou par eau , & ne doit-on pas par cette raifon regarder les Machines aéroftatiques comme une invention ingénieufe & amufante plutôt que comme une découverte qui puiffe jamais être véritable-ment utile ?

Je répons que je penfe en effet que les tranf-ports par terre & par eau auront communé-ment la préférence fur les tranfports par le moyen des Machines aéroftatiques dans l'u-fage ordinaire de la vie, par la raifon que la voie de la terre fera toujours en général la plus fûre , & que l'eau étant à caufe de fa pe-fanteur , capable de foutenir de grands poids fans qu'il foit néceffaire d'employer aucune Machine, les tranfports par fon moyen feront moins embarraffans ; mais je fuis malgré cela fort éloigné de penfer que même fous ce rapport l'invention des Machines aéroftati-ques puiffe être regardée comme indifférente ou inutile.

On ne peut jamais prévoir au moment qu'une découverte vient d'éclore, ni tous les ufages auxquels on pourra un jour l'appli-quer (1) , ni à quel degré de perfection elle

_____

(1) Il y a quarante ans, quand tout ce qu'on con-

pourra être portée ; & celle-ci s'annonce d'une manière trop brillante & trop impofante, pour ne pas engager tous les amateurs des fciences à réunir leurs efforts pour la per-fectionner.

Qui peut apprécier de quoi la réunion d'un grand nombre de bons efprits eft capable, & comment en conféquence affurer que dans un tems plus ou moins éloigné, cette manière de tranfporter des hommes & des fardeaux, ne deviendra pas affez fûre & affez facile pour mériter en quelques rencontres la **préférence** même fur le tranfport par terre ?

Je fuppofe qu'on eût à traverfer des déferts arides, dans lefquels on eût à craindre de voir périr fes bêtes de fomme, & par conféquent de manquer d'eau & des autres chofes nécef-faires ; ou bien fuppofons que dans les dé-ferts qu'on auroit à traverfer, on eût à appré-hender d'être enféveli fous des monceaux de

---

noiffoit de l'électricité fe réduifoit à favoir, qu'en frot-tant avec beaucoup de peine & de fatigue un tube de verre, il devenoit, par ce moyen, capable d'attirer des corps très-légers ; qui auroit pu prévoir qu'elle fervi-roit à préferver du tonnere & à guérir l'épilepfie ? & qui peut encore foupçonner toutes les autres applications qu'on pourra faire de cet agent invifible répandu dans toute la nature ?

fable que le vent tranfporteroit, dans ces deux occafions & dans d'autres femblables, il eft fûr que le tranfport des hommes & des fardeaux, par le moyen des Machines aeroftatiques, pour peu qu'il eût acquis quelque degré de perfection, feroit préférable à des tranfports par terre auffi dangereux.

On fent encore qu'à mefure que l'ufage des Machines aéroftatiques fe perfectionneroit, & felon le degré de perfection qu'il pourroit atteindre, il devroit fuppléer des tranfports par terre de moins en moins dangereux, & qui ne feroient même que très-embarraffans & très-difficiles. Si dans quelque voyage extraordinaire on étoit obligé de paffer par des pays où la pefte fît de grands ravages, ou par des contrées dont les habitans fuffent féroces & intraitables, un degré de perfection de plus dans les tranfports par le moyen des Machines aéroftatiques les feroit encore préférer; elles pourroient même un jour fe perfectionner au point de fervir de moyen de communication entre des peuples voifins qui feroient féparés par quelque chaîne de montagnes fi efcarpées qu'elles les priveroient malgré leur proximité, de tout autre moyen de commercer entr'eux. Enfin, il me paroît fi impoffible d'affigner les bornes de l'induftrie humaine, & les differens genres aussi bien que les différens degrés d'utilité qu'on pourra tirer d'une nouvelle découverte, que ces spéculations me semblent absolument indéterminées, & pouvoir fournir la carrière la plus vaste à l'imagination la plus fertile en projets & en conjectures (1).

Au reste, quand on voudroit suppofer que jamais ces Machines ne feront employées à des voyages ordinaires, au moins ne peut-on guère douter que tous les phyficiens curieux ne deviennent bientôt d'ardens navigateurs de ce nouvel élément, & ne s'empreffent de faire ufage de ces Machines, par le moyen feul defquelles ils peuvent acquérir tant de nouvelles connoiffances.

Peut-on prévoir en effet de combien d'expériences & de découvertes ces Machines feront les inftrumens? quelles lumières elles pourront donner fur le baromètre, le thermomètre, l'hygromètre, & fur-tout fur l'électricité? combien elles pourront nous éclairer fur la formation, la fufpenfion & la réfolution des nuages, ainfi que fur les caufes de la grêle, de la neige, & de tous les phénomènes dont l'air eft le théâtre.

_____

(1) On pourroit dans la guerre faire ufage de ces Machines en mille occafions, mais fur-tout pour faire paffer au Gouverneur d'une place affiégée, quelques avis importans.

Il feroit fans doute impoffible d'apprécier les progrès que la phyfique a droit d'en attendre. Elles feules peuvent nous apprendre, fi à même hauteur l'air qu'on refpire fur les hautes montagnes eft femblable à celui qui en eft éloigné ; enfin elles feules peuvent nous faire connoître les vents fupérieurs, leurs forces, leurs directions, leurs périodes & l'étendue des zones qu'ils occupent, ainfi que celle des zones tranquilles qui féparent ceux qui, étant les uns au-deffus des autres, ont des directions différentes ; & ces connoiffances pourront nous mener à concevoir les caufes des vents inférieurs qu'il nous eft fi important de ne pas ignorer.

Encore une fois, quand il feroit vrai qu'on dût toujours préférer de voyager par terre ou par eau à l'ufage de ces Machines, au moins quand la terre & l'eau nous refufent tout paffage, l'air ne doit-il pas alors être notre reffource, & nous en fournir un lui-même, puifque nous favons maintenant le moyen de l'employer à cet ufage ?

Si l'on eft curieux de connoître toutes les parties du globe que nous habitons, & d'atteindre jufqu'à la cîme de ces montagnes abfolument inacceffibles, fur le fommet defquelles depuis leur première formation jamais la trace d'un pas humain n'a été imprimée ;

ſi nous voulons ſavoir de quelles ſubſtances elles ſont compoſées, & jouir des phénomènes qu'un aſpect ſi neuf peut nous préſenter ; ſi, portant notre ambition encore plus loin, & partant du ſommet des plus hautes montagnes, nous voulons nous élever juſques dans ces régions ſublimes où la nature ſembloit nous avoir défendu de pénétrer ; ſi nous voulons connoître quels progrès y ſuit le décroiſſement de la peſanteur de l'air, & fixer même les limites de l'air reſpirable, quel obſtacle pourra maintenant nous en empêcher ? & ces nouvelles Machines ne nous fourniſſent-elles pas un moyen d'exécuter aujourd'hui des choſes de la poſſibilité deſquelles, il y a trois mois, perſonne au monde ne pouvoit concevoir l'idée ?

Qui ſait même ce que l'audace de l'homme peut entreprendre, & les difficultés qu'il lui ſera toujours impoſſible de ſurmonter.

Parmi les voyageurs qui ont tenté le paſſage par le nord, ou qui ont voulu aller juſqu'au pole, & qui ſe ſont vus arrêtés par les glaces, n'y en a-t-il pas eu qui ont projetté de faire des bâtimens qui puſſent voguer ſur la glace même, & d'autres qui ont propoſé de faire de petits bateaux qu'on pût traîner ſur les glaces, & ſur leſquels on pût auſſi s'embarquer

pour traverfer chaque efpace que la mer laif-
feroit de libre?

S'il s'eft trouvé des hommes affez téméraires
pour former de femblables projets, pourquoi
ne s'en trouveroit-il pas un affez hardi pour
ofer paffer par-deffus les glaces, porté par une
Machine aéroftatique, & tenter ainfi de pénétrer jufqu'à ce point du globe fi inconnu, &
pourtant fi curieux, où tous les mouvemens
céleftes doivent fe montrer fous des appa-
rences fi différentes de celles fous lefquelles
nous les voyons, & où tous les phénomènes
de l'aimant doivent ceffer ou prendre des
formes fi nouvelles? Il n'y a pas 400 lieues à
faire pour aller au pole, & pour en revenir,
en partant du point où les glaces nous arrêtent;
un vent favorable pourroit donc y conduire &
en ramener en deux jours, & fi dans ces
climats il exiftoit deux courans d'air l'un au-
deffus de l'autre, dont l'un portât vers le
pole, & dont l'autre eût une direction oppofée, où feroit l'impoffibilité de voir un jour
réuffir une tentative qui paroît au premier
coup-d'œil auffi chimérique (1)?

_____

(1) D'après l'expérience tirée du mémoire du docteur
Franklin, déjà cité, il eft en effet très-vraifemblable qu'il
exifte un courant d'air fupérieur, allant de l'équateur au

Quel

Quel que foit, au refte, le fort de ce dernier
projet dont le fuccès très - douteux peut à
peine être entrevu dans un avenir très-éloigné,
il eft certain qu'outre les fervices infinis que
ces Machines peuvent rendre à la phyfique,
elles peuvent encore fournir les fécours les
plus puiffans & les plus précieux à la méchanique ; & c'eft ici que je fens combien je dois
d'excufes à MM. de Montgolfier de n'avoir pu,
dans mon exergue, exprimer toute l'importance de leur decouverte.

S'il s'agit, par exemple, de relever un bâtiment
échoué fur la côte, ou même d'en retirer du
fond de la mer un qui auroit été fubmergé, de
quel ufage de grandes Machines aéroftatiques
ne feroient-elles pas en pareil cas ? Si l'on ne
jugeoit pas à propos de les employer feules,
combien, fans gêner aucune manœuvre, n'aide-
roient-elles pas les autres moyens dont on
fait ordinairement ufage dans ces occafions,
& combien n'ajouteroient-elles pas à leur effi-
cacité (1) ?

---

pole, & un inférieur allant du pole à l'équateur. De plus,
il y a certainement un flux & un reflux dans l'air ainfi
que dans la mer, & par conféquent un mouvement al-
ternatif du pole à l'équateur & de l'équateur au pole.

(1) Quelqu'un, dont j'ignore le nom, a imaginé une
autre application des Machines aéroftatiques. Il fuppofe

R

C'eſt en de pareilles circonſtances qu'on ſentiroit le mérite du gaz de MM. de Montgolfier, puiſque lui ſeul peut délivrer de l'embarras d'amener toutes remplies les grandes Machines dont on voudroit ſe ſervir, ſur la place où il faudroit opérer. La promptitude avec laquelle on le produit, & le peu de frais qu'il coûte, le rendent propre à être employé ſur-le-champ dans tous les endroits où l'on peut en avoir beſoin, & ſa force eſt telle, & la facilité avec laquelle on le répare, eſt ſi grande, que quand même les Machines dont

---

qu'on voulût donner un avis, par la voie de la mer, le plus promptement poſſible, & qu'on dépêchât à cet effet un bâtiment très-léger. Il propoſe de faire ſoutenir une partie conſidérable du poids de ce bâtiment par une Machine aéroſtatique ; & il penſe qu'alors le bâtiment tirant beaucoup moins d'eau, éprouvant ainſi une bien moindre réſiſtance de la part de ce fluide, ſeroit ſuſceptible d'une vîteſſe beaucoup plus grande. Cette idée eſt ſans doute ingénieuſe ; je ne ſais cependant ſi la Machine aéroſtatique ne pourroit pas contrarier l'effet de la voilure ; mais ſi en changeant la forme de pluſieurs Machines aéroſtatiques, on pouvoit les faire ſervir elles-mêmes de voiles, alors on ne laiſſeroit entrer dans l'eau que la partie du bâtiment néceſſaire pour lui donner un point d'appui aſſez ſolide pour qu'il pût maneuvrer de pareilles voiles, & on rendroit ce bâtiment capable de marcher avec la plus grande vîteſſe qu'on puiſſe obtenir ſur la mer.

on fe ferviroit feroient trop confidérables pour
pouvoir être conduites entières fur le lieu ou
elles feroient néceffaires, on pourroit les amener par parties, les rejoindre groffièrement,
à la hâte, avec des agrafes ou des boutonières,
& être fûr qu'animées par ce gaz elles feroient
encore en cet état un effet prodigieux.

On fait combien il eft mal-aifé d'employer
verticalement de très - grandes forces. On
connoît les peines & les dépenfes que coûta
l'obélifque du Vatican, quand on voulut le
relever & le pofer fur fon pied ; & la célébrité
que l'exécution de cette entreprife donna à
l'artifte qui en avoit été chargé, eft une preuve
de l'extrême difficulté dont on la croyoit.
Combien une grande Machine aéroftatique
bien dirigée, n'auroit - elle pas abrégé ce travail, & combien ce qui eft fi difficile fans leur
fecours, paroît-il fimple par leur moyen !

Mais fi la méchanique trouve tant de difficultés à employer verticalement de très-grandes
forces, quand il faut les employer à de très-
grandes hauteurs, c'eft alors qu'elle avoue
toute fon impuiffance. Les voyageurs ne peuvent s'empêcher de témoigner leur étonnement & leur admiration à la vue des grandes
pierres qu'on trouve vers le haut des pyramides, & les artiftes eux- memes conviennent

qu'ils ont peine à concevoir par quels moyens
les Egyptiens ont pu porter de fi grandes maffes
à une telle élévation. Cependant fi les Egyptiens avoient connu l'ufage des Machines aéroftatiques perfectionnées, quelle auroit été la
difficulté de cette entreprife ? Combien de
pierres auffi pefantes que celles des pyramides
une feule grande Machine aéroftatique n'en-
lèveroit-elle pas à-la-fois ? & quelle comparaifon peut-on faire entre la hauteur des pyramides & celle a laquelle peut s'élever une
Machine aéroftatique, puifque, à en juger par
les expériences que nous connoiffons, la Machine de Verfailles, celle des trois qui s'eft
élevée le moins haut, & qui, avant de commencer à monter, avoit à fa partie fupérieure
une fente longue de fept pieds, s'eft cependant portée à une élévation triple de celle
de la plus haute des pyramides.

Au refte, quelque nombreufes & quelque
intereffantes que foient les applications·qu'on
pourra faire des Machines aéroftatiques aux
fciences & aux arts, ce n'eft point par les
ufages feuls auxquels on pourra employer ces
Machines, que la découverte de MM. de Montgolfier me paroît importante ; & les avantages
qu'on pourra tirer quelque jour du gaz qu'ils
ont imaginé, font peut-être encore plus éton-
nans.

Enfin, fous quelques rapports qu'on la confidère, l'expérience d'Annonay me paroît être une de ces expériences fondamentales qui reftent à jamais gravées dans la mémoire des hommes, & méritent de faire époque dans l'hiftoire des connoiffances humaines. Loin donc de la regarder comme un fimple amufement, ou d'en faire un fujet de plaifanteries puériles, il me femble que c'eft plutôt avec une reconnoiffance refpectueufe que nous devrions recevoir une découverte qui promet aux hommes tant de connoiffances nouvelles & des fecours auffi puiffans, qui eft digne par fa beauté d'exciter une noble jaloufie chez nos rivaux, & qui fait autant d'honneur à la nation dans le fein de laquelle fes auteurs ont pris naiffance.

LETTRE

De M. Bourgeois, à M. Faujas de Saint-Fond (1).

J'AI l'honneur, Monſieur, de vous envoyer mes obſervations ſur le Ballon du Champ de Mars.

Dimenſions du Ballon.

Diamètre..... 12 p^i· 2 p^o
Circonférence... 38 p^i· 3 p^o. 8 l^i·, &c.
Air circulaire... 116 p^i· 3 p^o· 1 l^i· 6 p$^{oi.}$ $^{quar.}$, &c.
Superficie... 455 p^i 0... 6 l^i· 2 p$^{oi.}$ $^{quar.}$, &c.
Solide...... 943 p^i 0... 6 l^i· $^{cub.}$, &c.

L'air déplacé par le ſolide, étant évalué ſur le baromètre, qui marquoit au moment du départ du Ballon, 28 pouces 1 $\frac{1}{2}$ lig. produiſant

_____

(1) M. David Bourgeois joint à la plus grande modeſtie, des connoiſſances diſtinguées en géométrie & en littérature ; il s'occupe, dans ce moment, à compulſer à la bibliothèque du Roi, les manuſcrits & livres anciens, grecs, latins, italiens, françois, eſpagnols, &c., où il eſt queſtion de différens arts curieux, connus par les anciens. L'on trouvera, dans l'ouvrage qu'il ſe propoſe de publier à ce ſujet, tout ce qui a été écrit ſur l'art de voler ; ſur celui de conſtruire des automates, &c.

782 grains le pied cube , auroit pefé 80 liv.
1 once, 4 gros, 27 grains , fi le Ballon avoit été
rempli entièrement. Il ne l'a pas été, & il ne devoit pas l'être. Une circonstance imprévue a privé d'employer les moyens qui auroient pu donner une approximation fatisfaifante du vuide.
Il a été préfumé de $\frac{1}{8}$, de $\frac{1}{10}$, ou de $\frac{1}{12}$.
Cette incertitude oblige de faire trois fup-
pofitions pour l'évaluation de l'air déplacé &
celle de l'air inflammable ; car l'augmentation
du vuide diminue le déplacement. On le confi-
dérera donc égal à 74, ou à 72, ou à 70.
La force d'afcenfion du Ballon étoit, lorfqu'il a été livré à l'air, de 35 liv. Elle étoit con-
féquemment à l'air déplacé dans le rapport de
35 à 74 , ou de 35 à 72, ou de 1 à 2.
La détermination de la légéreté de l'air inflammable eft foumife à ces trois fuppofitions,
dans cette forme :
Poids du Ballon vuide 25, ou 25, ou 25 liv.
Force d'afcenfion. . . . 35. . . . . 35. 35
Poids de l'air inflam-
    mable contenu dans
    le Ballon. . . . . 14. . . . . 12. . . . . 10 liv.
Air déplacé. . . . . 74, ou 72, ou 70 liv.
L'air inflammable aura donc été à l'air atmofphérique, dans le rapport de 1 à 5 $\frac{2}{7}$, ou de
1 à 6, ou de 1 à 7.

La faute commife par l'intromiffion de l'air atmofphérique dans le Ballon avant fon départ, ne dérange point ces apperçus ; car, en déplaçant extérieurement cet air, il le remplaçoit intérieurement. Il y caufoit une compreffion nuifible a l'enveloppe du Ballon fans y produire aucun bon effet.

Il n'en eft pas de même d'une autre faute commife en introduifant dans le Ballon une trop grande quantité d'air inflammable; elle a eu fon effet en accélérant l'afcenfion, fans rien ajouter à la preuve qu'on vouloit obtenir de la découverte de MM. de Montgolfier, qui étoit le but unique de cette première expérience ; mais elle a nui en rendant les obfervations de cette afcenfion plus difficiles à apprécier. Elle a enlevé trop tôt le Ballon aux yeux des Spectateurs, qui en auroient joui par l'événement du tems, depuis l'inftant du départ jufqu'à celui de la feconde difparition, parce que le nuage chargé de pluie qui l'a couvert momentanément, auroit été porté plus loin dans l'intervalle de l'élévation moins prompte, & le Ballon feroit entré plus tard dans le dernier nuage. Cette introduction trop outrée d'air inflammable a eu encore l'inconvénient d'augmenter le degré de force expanfive de cet air qui, n'ayant plus que très-peu

de réaction fur lui-même, s'eſt porté avec violence contre les parois du Ballon, & s'y eſt
pratiqué une ouverture.

Sans ces deux fautes, & en ſe bornant à
une force d'aſcenſion de 24 liv., la liberté de
la réaction dans le Ballon auroit été de $\frac{1}{7}$., &
l'air déplacé réduit à 54 liv., la force d'aſcenſion auroit été à cet air dans le rapport de 4
à 9. Le Ballon auroit pu s'élever dans cette ſuppoſition à 2200 toiſes environ, & dans l'état
forcé où il a été mis, ſi la fracture n'a été
produite qu'après ſa plus haute aſcenſion, elle
aura pu être à 2500, ou à 2600 toiſes.

Le calcul de ces élévations eſt conjectural
& point poſitif. La connoiſſance de l'augmentation de la raréfaction de l'atmoſphère dans
la progreſſion de ſon éloignement de la terre,
de même que de toutes les circonſtances qui
peuvent y cauſer des variations, eſt imparfaite.

Les Ballons aéroſtatiques nous procureront
de meilleures inſtructions. On ne pouvoit avant
leur découverte, pénétrer l'atmoſphère qu'en
graviſſant les hautes montagnes; les vapeurs
s'y élèvent encore, quoiqu'en quantité moindre , & ces vapeurs apportent plus ou moins
de différence à l'état vrai de l'air libre ſuivant la nature du ſol dont elles émanent.

Il ne faut pas omettre d'obſerver encore

que les points auxquels les élévations font éva-
luées ci-deffus, font ceux où l'équilibre eft préfumé s'établir entre la pefanteur du Ballon &
celle de l'air environnant. Or, il eft probable qu'il aura pu s'élever plus haut, parce
qu'il aura eu dans ce moment-là une force de
libration qui l'y aura lancé. Faudra-t-il appliquer ici les loix de la chûte des corps graves,
quoique la raifon de l'afcenfion étant produite par la différence des pefanteurs fpécifiques & réciproques, & diminuée par la réfiftance de l'air, cette raifon décroiffe de plus
en plus à mefure que le corps léger s'approche du lieu de l'equilibre? Que reftera-t-il de
force, lorfque cette raifon décroiffante fera
éteinte? Quel efpace ce refte fera-t-il parcourir, étant combattu par une double raifon
de légéreté & de réfiftance croiffante, qui dé-
primera le corps afcendant, & le fera retom-
ber au-deffous de l'équilibre? Ce jeu des ofcillations fe répétera fans doute un grand nombre de fois, & le fpectacle en fera très-intéreffant étant obfervé avec le telefcope, ou
avec de bonnes lunettes.

Je fuis, &c.

DAVID BOURGEOIS.

P. S. Je viens d'avoir en communication la lettre de M. de Meufnier. Il répond avec beaucoup de fagacité, à plufieurs queftions qui terminent mes obfervations. Nous différons dans quelques réfultats, par deux caufes ; 1°. la pefanteur de l'air. J'ai fuivi, pour fa détermination, les rapports que les meilleures expériences connues m'indiquoient, en les conciliant par une approximation moyenne, au lieu que M. de Meufnier a fait de cet objet une queftion particulière, dont la folution l'a conduit à rectifier les anciennes évaluations. 2°. Il n'a pas tenu compte du vuide refté dans le Ballon; je fuis cependant très - certain de fon exiftence. M. de Meufnier a droit d'ailleurs aux éloges les mieux mérités, pour l'exactitude, la précifion & l'élégance de fes calculs.

EXPÉRIENCES

*Faites à Paris, rue de Montreuil, Fauxbourg
Saint-Antoine, le 19 Octobre 1783, avec
une Machine aéroſtatique, qui s'eſt élevée
avec deux hommes, à la hauteur de 324
pieds.*

QUOIQUE l'expérience de Verſailles eût été
très-ſatisfaiſante, comme la Machine dont on
ſe ſervit fut déchirée, par l'effort du gaz,
dans la partie ſupérieure, ce qui l'empêcha
de s'élever à la hauteur où elle auroit dû
parvenir ; M. de Montgolfier réſolut d'en
faire conſtruire une ſeconde plus grande &
beaucoup plus ſolide, & avec laquelle il ſe
propoſa de faire des eſſais propres à perfectionner une découverte dans laquelle l'on ne pouvoit avancer que lentement & par progreſſion.

L'on prit tout le tems & toutes les précautions néceſſaires pour la conſtruction de
cette Machine, & le 10 du mois d'octobre,
elle fut entièrement finie.

Sa forme étoit ovale, ſa hauteur de 70 pieds,
ſon diamètre de 46, & ſa capacité de 60000
pieds cubes ; la partie ſupérieure entourée de
fleurs-de-lys, étoit ornée des douze ſignes du

zodiaque en couleur d'or, le milieu portoit les chiffres du Roi, entremêlés de foleils, & le bas étoit garni de mafcarons, de guirlandes & d'aigles à aîles déployées, qui paroiffoient fupporter en volant cette fuperbe Machine à fond d'azur.

Une galerie circulaire conftruite en ofier, & revêtue en toiles, fur lefquelles on avoit peint des draperies & d'autres ornemens, étoit attachée par une multitude de cordes au bas de la Machine ; elle avoit environ trois pieds de largeur ; il y régnoit de droite & de gauche une baluftrade de 3 pieds & demi de hauteur. Cette galerie ne gênoit ni n'interrompoit en aucune maniere l'ouverture d'environ quinze pieds de diamètre qui étoit au bas de la Machine, elle lui fervoit au contraire de prolongement, & c'étoit au milieu de cette ouverture qu'on avoit placé un réchaud en fil de fer fufpendu par des chaînes, au moyen duquel les perfonnes qui étoient dans la galerie avec des approvifionnemens de paille, avoient la facilité de développer du gaz à volonté. La planche VIII donne une idée beaucoup plus exaête de cet appareil, que tout ce que je pourrois en dire ici.

Cette Machine telle que je viens de la décrire, pefoit au moins feize cens livres.

L'on avoit eu foin d'avertir le Public dans
le Journal de Paris, du 11 octobre, que les
experiences qu'on fe propofoit de faire, regar-
doient effentiellement les favans, & que plus
elles pouvoient être intéreffantes pour la phyfique, moins elles devoient amufer les perfonnes que la fimple curiofité y attireroit.

Cette précaution avoit paru néceffaire pour
fe fouftraire à l'empreffement général, avant
qu'on eût pu obtenir quelques réfultats fatis-
faifans. Il étoit prudent & utile dans une occafion pareille, de procéder tranquillement &
fans trouble avec des gens exercés dans l'art
des expériences, car celle-ci devoit naturellement préfenter des difficultés. L'on fait que lorfqu'on n'eft point gêné par l'inquiétude du fuccès qui dépend fouvent de la plus légère circonftance, l'on travaille avec bien plus de confiance; chacun aide de fes confeils, & tout le
monde étant coopérateur, l'intérêt devient
général; &, loin de porter alors un œil critique fur les opérations, l'on met une efpèce
d'amour-propre à les voir réuffir.

Mais cette fage réfolution ne put avoir lieu
que jufqu'à un certain point, dans une ville
telle que Paris, où une multitude de confidérations ne permettent pas toujours d'exécuter
ce qu'on fe propofe de faire.

Dès qu'on fut donc qu'il étoit queſtion d'expériences , l'on accourut de toute part ; & comme l'on ne put d'abord refuſer l'entrée à des
perſonnes de haute conſidération qui ſe pré-
ſentèrent, beaucoup d'autres mirent en œuvre
bien des moyens pour être admiſes ; & des
eſſais qu'on avoit réſolu de ne faire qu'en co-
mité, devinrent preſque ſur-le-champ des expériences ſolemnelles.

Le mercredi 15 octobre , M. Pilatre de
Rozier , qui a donné dans pluſieurs occaſions
des preuves de l'intelligence & du courage
qu'il porte dans des expériences hardies où
il n'a pas craint ſouvent d'expoſer ſa vie, ayant
déjà fait quelques eſſais terre à terre avec la
Machine aéroſtatique, déſira ardemment qu'on
l'enlevât, s'il étoit poſſible, à une grande hauteur : il ſe plaça pour cet objet dans la galerie. La Machine fut gonflée , elle partit en
conſervant le plus parfait équilibre , & s'éleva
juſqu'à la longueur des cordes qu'on y avoit
attachees pour la retenir ; c'eſt-à-dire juſqu'à
80 pieds de hauteur , & elle y reſta en ſtation
pendant quatre minutes vingt-cinq ſecondes,
ſans que M. Pilatre de Rozier éprouvât la plus
légère incommodité.

Ce qu'il y eut de très-intéreſſant dans cette
expérience, c'eſt que l'on fut raſſuré ſur un

point qui avoit paru inquiéter généralement
tout le monde ; c'eft-à-dire ,. fur la manière
dont la Machine tomberoit, lorfque le gaz
s'affoibliroit; mais l'on vit clairement, qu'au
lieu de tomber, elle defcendoit avec lenteur
étant toujours tendue, & qu'après avoir tou-
che terre, elle partoit de nouveau & s'élevoit encore à une certaine hauteur, lorfque
la perfonne qui étoit dedans, l'allégeoit en
fortant de la galerie.

Le vendredi 17, on répéta les mêmes expériences ; l'empreffement de les voir fut tel, que
l'affluence du monde étoit extrême ; il étoit
difficile de réunir une plus brillante affemblée;
mais un vent contraire qui s'éleva nuifit au fuccès de ces expériences , & quoique M. Pilatre
de Rozier fût enlevé à-peu-près à la même
hauteur que le mercredi, la Machine fatiguée
par le vent & par la réfiftance des cordes
qui la retenoient, fe foutint moins bien, &
ne produifit pas un fi bel effet que dans l'expérience précédente, & c'eft alors qu'on fen-
tit très-bien qu'il eût été à défirer qu'on
fe fût refufé à l'empreffement du public,
parce qu'il arrive fouvent qu'une experience
vue par des perfonnes qui y affiftent plutôt
par objet de curiofité que par motif d'inftruction , & qui voudroient que tout tournât à leur
amufement ;

amufement , & à leur pleine fatisfaction, nuit quelquefois aux progrès d'une découverte, parce que le Public ne calcule jamais les peines & les foins de toute efpèce qu'elle peut avoir coûtés à celui qui en eft l'auteur; mais heureufement que le Dimanche fuivant M. de Montgolfier choifit un beau tems pour faire de nouvelles expériences qui ont conftaté de la manière la plus authentique, les progrès graduels, mais rapides de cette Machine, entre les mains de celui qui en étoit l'inventeur.

Première Expérience.

Le 19 octobre, à quatre heures & demie, & en préfence de plus de deux mille perfonnes, la Machine dont on avoit diminué la galerie, fut remplie de gaz en cinq minutes, & M. de Rozier étant placé dans la galerie avec un poids de cent livres dans la partie oppofée pour faire équilibre, fut enlevé à la hauteur de 200 pieds ; la Machine fe foutint fix minutes à cette élévation fans feu dans le réchaud.

Deuxième Expérience.

La Machine portant M. Pilatre de Rozier avec le contrepoids de cent livres, le feu étant dans

S

le réchaud, fut enlevée à 250 pieds de hauteur, où elle resta en station pendant huit minutes & demie; comme on la retiroit, un vent d'est la porta fur une touffe de très-grands arbres dans un jardin voisin où elle s'embarrassa, sans perdre l'équilibre : l'on renouvela le gaz, & elle se retira elle-même de ce mauvais pas, en s'élevant pompeufement dans l'air au bruit des acclamations publiques. Cette seconde expérience fut très-instructive; l'on n'avoit pas manqué de dire que si jamais une telle Machine tomboit fur une forêt, elle seroit détruite, & feroit courir les plus grands dangers à ceux qui seroient dedans; cet exemple prouva que la Machine ne *tombe* pas, mais qu'elle *descend*; qu'elle ne se renverse pas; qu'elle ne se détruit pas fur les arbres; qu'elle ne fait périr ni souffrir les voyageurs qu'elle porte; qu'au contraire ces derniers, en produisant du nouveau gaz, lui donnent les moyens de se tirer d'embarras, & qu'elle peut reprendre fa route malgré un événement pareil.

M. de Rozier donna encore un exemple de la facilité qu'il y a de descendre & de remonter à volonté; car la Machine étant parvenue à plus de 200 pieds, elle descendit lentement; & comme elle approchoit de terre, M. de Rozier produifit très-adroitement &

très-à-propos du gaz, & elle repartit subite-
ment pour regagner sa première place.

TROISIÈME EXPÉRIENCE.

La Machine partit avec M. de Rozier &
un compagnon de voyage, *M. Giroud de Villette ;* & comme l'on avoit allongé les cordes, elle s'eleva jusqu'à la hauteur de 324
pieds, & elle y resta dans le plus parfait équilibre au moins neuf minutes ; c'étoit un spec-
table bien extraordinaire que celui de voir
pour la première fois des hommes portés à
cette élévation, & s'y soutenir sans danger &
sans inquiétude.

La Machine étoit d'un superbe effet à cette
hauteur ; elle dominoit sur Paris, & elle
étoit vue de tous les environs ; sa grandeur
ne paroissoit pas avoir diminué aux yeux des
spectateurs placés dans le lieu où se faisoit
l'expérience ; mais les hommes étoient à peine
visibles : l'on distinguoit avec des lunettes
M. de Rozier occupé à produire du gaz avec
autant d'intelligence que d'ardeur.

Lorsque la Machine fut redescendue, ces
Messieurs assurèrent qu'ils n'avoient pas éprouvé la plus légère incommodité ; ils reçurent
les justes applaudissemens que leur zèle & leur

S ij

courage leur avoit mérités ; & M. *le marquis d'Arlandes*, major d'infanterie, prit enfuite la place de M. *Giroud de Villette*, & fut enlevé avec M. Pilatre de Rozier. Cette dernière expérience eut le même fuccès que la précedente : il eft certain que fi la Machine n'eût pas été retenue, elle auroit été portée au moins à douze cens toifes d'élévation.

Voilà donc des faits à l'abri de toute critique, qui prouvent que des hommes peuvent être enlevés à une affez grande hauteur fans danger, par un moyen inconnu jufqu'alors, & qui conftatent les fuccès progreffifs des expériences faites par M. de Montgolfier ; c'eft là fans doute la meilleure réponfe qu'on puiffe faire aux détracteurs de cette étonnante Machine, dont la perfection fera peut-être portée au-delà de nos efpérances, fi quelques jours des fouverains veulent s'en occuper beaucoup plus en grand, & fur tout s'ils mettent de la conftance dans leurs recherches ; & s'ils ne fe laiffent pas rebuter par les difficultés qu'il faudra vaincre avant de parvenir à la manœuvrer à volonté. Il faut faire attention fur-tout qu'il y a bien moins loin de la Machine aéroftatique actuelle qui porte dans ce moment des hommes, à une Machine qui en porteroit un grand nombre, qu'il y en a du fimple canot d'un fauvage, a un vaiffeau de cent pièces de canons qui fe joue de l'effort des vagues, & qui peut traverfer impunément les mers en voyageant d'un pôle à l'autre.

LETTRE

De M. de Montgolfier à M. Faujas de Saint-Fond.

Paris, le 10 Octobre 1783.

Monsieur, il me femble vous avoir entendu projetter de donner au Journal un précis des expériences que j'ai faites la femaine dernière. Une obfervation qui fans doute, ne vous a pas échappé, mais qui a befoin d'être préfentée à la plupart des perfonnes qui ne jugent que d'après leurs yeux, eft que dans les expériences précédentes, fur-tout celle du vendredi, il faifoit un peu de vent, ce qui obligeoit de contenir la Machine avec des cordages pour qu'elle ne dérivât pas dans les jardins voifins ou fur les maifons. Il en réfultoit que les cordes devoient faire un angle avec l'horizon, tel que la hauteur perpendiculaire de la Machine fût à l'éloignement des hommes qui tenoient les cordages, com-

S iij

(278)

me la tendance de la Machine à monter est à l'impreffion que le vent faifoit fur elle ; & comme les cordes ont prefque toujours fait un angle de 45 degrés avec l'horizon, il fuit qu'environ les $\frac{2}{10}$ de la force du vent étoient employés à repouffer la Machine en bas. Cet effet devenoit encore plus fenfible lorfqu'on tiroit les cordages pour ramener la Machine verticalement au-deffus de la partie libre du jardin. Les $\frac{2}{10}$ de la force qu'on employoit à la tirer, réagiffoient pour la faire defcendre, en forte que cet effort étant au moins de 5 à 600 livres, il en a dû réfulter une furcharge de 350 à 400, qui n'eût pas eu lieu fi la Machine eût été en liberté.

Ainfi, c'eft autant à la tranquillité de l'air, qu'à l'allégement de 100 que j'ai procuré à la Machine, qu'on doit attribuer le plein fuccès de l'expérience d'hier, & je vous avoue que je n'euffe pas efpéré qu'en fi peu de tems on pût fe rendre affez maître de la production du gaz pour venir rafer la terre, & de là fe relever fans y toucher, ainfi que M. de Rozier en eft venu à bout deux fois de fuite.

❀

L A lettre de M. *Giroud de Villette*, compagnon de voyage de M. de Rozier, renfermant quelques détails intéreffans, j'ai cru qu'elle devoit trouver place ici.

L E T T R E

De M. GIROUD DE VILLETTE, *aux Auteurs du Journal de Paris.*

Du 28 Octobre 1784.

MESSIEURS, hier 19 du courant, en qualité d'adjoint de la manufacture royale de M. Réveillon, j'ai obtenu de ces Meffieurs la permiffion de monter dans la partie du panier oppofée à celle où étoit M. Pilatre de Rozier, pour lui fervir de contre-poids ; je me fuis trouvé prefque dans l'intervalle d'un quart de minute, élevé de quatre cens pieds de terre, fuivant le rapport qu'on m'en a fait ; nous reftâmes dans cette pofition dix minutes. Mon premier foin, Meffieurs, fut d'admirer, à la faveur d'un trou large de quatre pouces, le phyficien intelligent que j'avois l'honneur d'accompagner ; fon courage, fon

S iv

agilité, ſes talens à bien manœuvrer & conduire
ſon feu m'enchantèrent. En me retournant je
diſtinguai les boulevards depuis la porte Saint-
Antoine juſqu'à celle Saint-Martin, tout
couverts de monde, qui me paroiſſoit former
une plate bande allongée de fleurs variées. La
rue Saint-Antoine, les jardins qui nous environnoient me repréſentoient la même choſe;
enſuite voulant m'occuper du ſujet qui m'a-
voit engagé à faire ce voyage, je promenai
ma vue dans le lointain; d'abord je vis la butte
Montmartre, qui me ſembloit être de.moitié
plus baſſe que notre niveau; je découvris facilement Neuilli, Saint-Cloud, Sève, Iſſy,
Ivry, Charenton, Choiſy, & peut-être Cor-
beil que le léger brouillard m'a empêché de
diſtinguer; dès l'inſtant je fus convaincu que
cette Machine peu diſpendieuſe, ſeroit très-
utile dans une armée pour découvrir la poſition de celle de ſon ennemi, ſes manœuvres,
ſes marches, ſes diſpoſitions, & les annoncer
par des ſignaux aux troupes alliées de la Machine. Je crois qu'en mer, il eſt également
poſſible, avec des précautions, de ſe ſervir
de cette Machine. Voilà, Meſſieurs, une utilité inconteſtable, que le tems nous perfec-
tionnera; tout mon regret eſt de n'avoir pas
penſé à me munir d'une lunette d'approche.

M. SAGE ayant bien voulu me communiquer une lettre qui vient de lui être adreffée de S. Péterfbourg par un favant, que le grand-duc de Ruffie a chargé de répéter l'expérience de M. de Montgolfier, j'ai cru que cette lettre feroit accueillie avec d'autant plus d'intérêt, qu'elle nous apprend qu'un prince diftingué par fes connoiffances daigne s'en occuper, & que le célèbre Léonard Euler, que la mort vient d'enlever aux fciences, avoit fenti le mérite de cette découverte, & en avoit fait l'objet de fes derniers calculs.

LETTRE

Ecrite de S. Pétersbourg, par M. R O M E, à M. S A G E, de l'Académie Royale des Sciences.

A S. Pétersbourg, ce 4 Octobre 1783.

M ONSIEUR, j'ai eu l'honneur de vous écrire dernièrement au fujet du Globe aéroftatique de M. de Montgolfier; c'eft pour le même objet que je vous écris encore aujourd'hui. Cette experience d'une fimplicité dont tout le monde faifit le principe, & dont le réfultat eft des plus étonnant, méritoit l'accueil

le plus général. Ici toutes les bonnes têtes s'en
occupent. Le fameux géomètre Léonard Euler
en a fait l'objet de ſes derniers calculs ; il y a
vu un beau problême de méchanique à réſoudre, & il a trouvé qu'un grand Globe de
100 pieds devoit s'élever avec une vîteſſe de
41 pieds par ſecondes. En attendant que les
phyſiciens en faſſent des applications utiles,
on s'empreſſe de toutes parts de répéter l'expérience d'Annonay ; Monſeigneur le grand-
duc a le plus vif déſir qu'elle ſe faſſe ſous ſes
yeux. Je ſuis chargé de m'en occuper, mais
j'avoue que pour l'entreprendre, il me faut
des renſeignemens plus étendus & plus fidèles,
que ceux que donnent les feuilles publiques
qui ſont remplies d'inexactitudes monſtrueuſes.

Je m'adreſſe à vous, Monſieur, pour avoir
des détails qui m'éclairent ſur tout ce qui regarde la conſtruction & la manipulation de ce
Ballon. Votre zèle à répandre tout ce qui
mérite de l'être, me répond de l'accueil que
vous accorderez à mes queſtions, auxquelles
je vous prie d'intéreſſer, par vos recommand-
dations, M. Faujas de Saint-Fond, & ceux
de Meſſieurs vos confrères qui voudront bien
donner de pareils détails ſur le Globe de 70
pieds. Ce qui m'intrigue le plus, eſt de ſavoir comment & de quel corps on s'eſt pro-

curé une quantité auſſi énorme d'air inflammable ; comment on l'a introduit avec le
moins de mélange poſſible, dans le Globe ?
Comment a-t-on chaſſé l'air commun pour
lui faire place ? Connoît-on enfin le procédé
de diſſoudre la gomme élaſtique ? Je vous
demande inſtamment de me donner ſur cet
objet, tout ce que vous aurez appris, &
ſur - tout d'y joindre vos obſervations,
elles me ſeront précieuſes pour répéter cette
expérience. J'ignore auſſi ſi la carcaſſe eſt à
demeure ſous l'enveloppe du Ballon, & ſi
en s'élevant, il doit entrainer avec lui toute
cette charpente intérieure : j'ignore les précautions qu'on a priſes pour garantir de tout
accident, juſqu'à l'inſtant de l'élévation, ce
Globe délicat.

Cette lettre vous ſera envoyée par le
prince Bariatinski, miniſtre de Ruſſie à Paris.
La célérité eſt une des demandes les plus
eſſentielles. Je vous prie d'y avoir égard,
autant que vous le permettront vos nom-
breuſes occupations.

S'il exiſte quelques deſcriptions imprimées de
cette expérience, je vous prie de l'indiquer à
ceux de mes amis à Paris, qui vous iront voir
pour cet objet, & que je recommande à vos
bontés.

LETTRE

De M. *PILATRE DE ROZIER*, *Chef du premier Musée autorisé par le Gouvernement, sous la protection de MONSIEUR & de MADAME, à M. FAUJAS DE SAINT-FOND.*

MONSIEUR, consulté à chaque instant sur le prix & les proportions d'une Machine aérostatique, je prends le parti de vous adresser des observations qui deviendront, peut-être, de quelqu utilité aux Amateurs qui attendent l'ouvrage intéressant que vous projettez. Heureux, Monsieur, si le désir de répondre à vos vues, peut vous convaincre des sentimens très-distingués, avec lesquels j'ai l'honneur d'être, &c.

PILATRE DE ROZIER.

Au premier Musée, ce 28 Septembre 1783.

CALCUL

De la quantité de gaz inflammable obtenu par
la combinaison du fer avec l'acide vitriolique,
& du zinc avec l'acide marin.

PREMIÈRE EXPÉRIENCE.

Gaz inflammable, dont le poids est à celui de
l'air atmosphérique (1), *dans le rapport*
de 7 *à* 43.

	f.	d.
Six onces d'acide vitriolique, à 66 degrés (2), coûtent..	4	3
Quatre onces de limaille de fer extrait à l'aimant........	1	
Dix-huit onces d'eau distillée, & menus frais..........	1	

Ces trois matières mêlées, ont
fourni *un pied cube* de gaz.
La dissolution ayant été aidée
par la chaleur, a été complette dans une heure ¼.
Le prix du pied ' cube a
donc coûté à Javelle.....   6   3

(1) Le terme moyen de la pesanteur de l'air atmosphérique, est lorsque le baromètre est à 28 pouces.

(2) L'acide vitriolique, à 66 degrés, est le plus concentré du commerce, à l'aréomètre de *M. Baumé.*

SECONDE EXPÉRIENCE.

Gaz inflammable, dont le poids eſt à celui de l'air atmoſphérique, comme 5 : 53.

	liv.	ſ.	d.
Six onces de limaille de zinc..	5		
Six onces d'acide marin, très-concentré............		7	6
Seize onces d'eau diſtillée, & menus frais..........	1		
Mêlés enſemble ont produit un pied cube de gaz. La ſaturation ayant été aidee par la chaleur, a été parfaite dans ¼ d'heure. Ce pied cube de gaz inflammable, très-léger, a par conſéquent coûté à la manufacture..........		13	6

Les deux expériences que je viens de préſenter, étant le réſultat exact d'un grand nombre d'eſſais particuliers, peuvent devenir des termes de comparaiſon pour des Globes de différens diamètres. Par exemple, ſi l'on vouloit connoître le prix d'un Globe de 30 pieds de diamètre, ainſi que le poids qu'il pourroit ſupporter, pour reſter en équilibre avec l'air atmoſphérique, à 28 pouces.

Circonférence............ $94^{pi.}$ $3^{po.}$

Superficie................ $2827^{pi.quar.}$

Solidité................. $14137^{pi.cub.}$

Le pied cube d'air deplacé,
pesant dix gros, lorsque le
baromètre est à 28 pouces,
fournit en légèreté...... $1104^{l.}$ $7^{onc.}$ $2^{gr.}$

Dont il faut d'abord déduire le
poids de 339 aunes de taffetas, évalué d'après celui
de M. Robert, à 6 onces
l'aune................ 127 2

Reste en légèreté........ 977 5 2

En défalquant encore, pour les
sangles, cordons, soies &
robinet............... 25

Reste en légèreté........ 952 5 2

Enfin, je suppose le Globe
plein de gaz, quoique les $\frac{1}{4}$
suffisent, comme je l'ai éva-
lué, à près d'un sixième du
poids de l'air commun, qu'il
a déplacé; c'est donc encore
à soustraire de l'excès de légèreté.............. 184 1 $1\frac{1}{2}$

Il restera donc de légèreté... 768 4 $0\frac{1}{2}$

Prix des matières.

Trois cens trente-neuf aunes
de taffetas $\frac{5}{8}$ gommé à la
copale, à double couche,
faisant le vuide comme la
vessie, à raison de 10 livres
l'aune.............. 3390$^{l.}$
Cinq aunes pour les coutures   50
14137 pieds cubes de gaz tiré
du fer à 6 s. 3 den. le pied
cube........ ...... 4417 16$^{s.}$ 6$^{d.}$

Total du prix de la Machine ... 7857$^{l.}$ 16$^{s.}$ 6$^{d.}$

Si on employoit le gaz retiré
du zinc, le Globe pourroit
supporter 78 livres de plus,
mais il coûteroit alors 4124 l.
13 s. de plus que le précé-
dent Globe; ce qui feroit en
tout.............. 11982 9 6
Malgré tous les soins qu'on
pourroit apporter à l'execu-
tion d'un Globe de cette espèce, il perdroit chaque
jour au moins 6 liv. de gaz,
ce qui feroit une somme. de
452 pieds cubes $\frac{56}{452}$ à 6$^{s.}$ 3$^{d.}$
le pied cube en argent.... 141 15 3

D'après

D'après une perte journalière auſſi conſidérable, on voit l'impoſſibilité de faire uſage du
gaz inflammable dans les expériences en grand,
à moins qu'on ne trouve une enveloppe dont
le tiſſu ſoit plus ſerré que la veſſie & la baudruche qui laiſſe tamiſer les deux eſpèces de
gaz, avec une facilité qu'on n'avoit pas encore
appréciée, avant les dernières expériences de
M. Faujas de Saint-Fond (1).

---

(1) J'ai ſuppoſé la Machine conſtruite & remplie dans
une manufaĉture autre que celles de la capitale ; ſans quoi
j'aurois tenu compte des droits impoſés ſur les acides &
autres matières, qui augmentent de près d'un ſixième les
prix indiqués.

T

Tableau comparatif des principales dimensions des Machines aérostatiques à air inflammable, avec diverses enveloppes, & des poids qu'elles peuvent enlever, en supposant l'air inflammable dans le rapport de 1 à 8.

OBSERVATIONS.

Ces calcu's sont faits pour trois especes d'enveloppes ; savoir, de peau de chevre pesant 4 onces le pied quarre ; de peau de mouton pesant 2 onces ⅔ le pied quarré ; & de taffetas enduit pesant ¼ d'once le pied quarré; il faudra déduire du poids de l'équilibre celui de tout ce qui sera ajouté à l'étoffe des Machines.

Dia-mètres.	Superficies.	Solides.	Force en peau de chevre.	En peau de mouton.	En taffetas enduit.	
pieds.	pieds.	pieds.	liv.	liv.	liv.	onces.
5	78 4/7	65 10/21	......	......	1	2
8	201 1/8	268 11/21	......	......	11	
10	314 2/7	523 17/21	......	......	24	½
12	452 4/7	905 1/7	......	......	49	
14	616	1437 1/3	......	4	82	
16	804 4/7	2145 1/21	......	25	128	
18	1018 2/7	3054 6/7	......	50	196	
20	1257 1/7	4190 10/21	......	101	265	
22	1521 1/7	5577 1/21	33	160	342	
24	1810 2/7	7241 1/7	83	234	451	
26	2124 4/7	9206 5/7	150	327	582	
28	2464	11498 1/3	230	441	730	
30	2828 4/7	14142 6/7	340	576	916	
35	3850	22458 1/3	700	1101	1482	
40	5028 4/7	33723 2/21	1240	1659	2261	
45	6364 2/7	47732 1/7	1944	2474	3236	
50	7857 1/7	65476 11/21	2884	3539	4480	
60	11314 2/7	113142 5/7	5550	6493	7973	
70	15400	179666 1/3	9455	10738	12583	
80	20114 2/7	268191 1/7	14850	16526	18936	
90	25457 1/7	381857 1/7	21914	24048	27085	
100	31428 4/7	523809 11/21	30934	33553	37943	
125	49107 2/7	1023065 13/21	63487	67579	73462	
150	70714 2/7	1767857 1/7	113242	119135	127605	
175	96250	2807291 2/7	183834	191855	203385	
200	125714 2/7	4190476 4/21	278901	289377	304437	

Equilibre des Machines en toile, remplies
suivant les procédés de MM. de Montgolfier,
en suppoſant l'air qui y eſt contenu, moitié
moins peſant que l'air atmoſphérique, & le
poids de l'enveloppe à 2 onces par pied quarré.

Diamètres. 20 pieds ſupporteroient......20 livres.
22....................46
24....................80
26....................128
28....................178
30....................245
35....................469
40....................794
45....................1224
50....................1788
60....................3373
70....................5678
80....................8835
90....................12977
100....................18238
125....................37162
150....................66097
175....................106766
200....................155357

T ij

Dans l'inftant où cet Ouvrage alloit paroître, j'ai reçu les détails curieux d'une expérience faite à Lyon par M. de Montgolfier
l'aîné ; je m'empreffe de les faire connoître,
avec d'autant plus de plaifir, qu'ils préfentent
un moyen très - ingénieux pour alimenter le
feu des Machines aéroftatiques. L'on verra
d'ailleurs avec intérêt, que la Machine enlevée
à Lyon, ayant trouvé dans la région des nuages
un vent de nord, fuivit pendant quelque tems
cette direction ; mais que fa force d'afcenfion
lui ayant permis de traverfer ce courant, elle
en rencontra un fecond au-deffus, qui la
porta dans un autre fens ; obfervation qui
peut fervir à répandre un grand jour fur la
navigation aérienne, fi l'on parvient jamais à
voyager avec les Machines aéroftatiques.

Au refte, M. de Montgolfier l'aîné, étant
chargé de préfider à de nouvelles expériences,
qui doivent être faites à Lyon avec une Machine aéroftatique de cent pieds de diamètre,
il eft à préfumer qu'on en obtiendra des réfultats qui tendront à accélérer de plus en plus
les progrès de cette belle découverte. Je m'emprefferai de faire connoître les détails de cette

expérience , ainfi que de toutes celles qu'on
fe propofe d'exécuter à Paris, à Londres , à
Pétersbourg & en Italie ; des correfpondans
éclairés ont bien voulu me promettre de m'inf-
truire avec exactitude fur tout ce qui fera fait
à ce fujet, & je ne perdrai pas un inftant moi-
même pour en faire jouir le Public, par un fupplément qui fervira de fuite à cet Ouvrage.

EXPÉRIENCE

*Faite à Lyon, chez M. l'Intendant, par M. DE
MONTGOLFIER l'aîné.*

L A Machine enlevée chez M. l'Intendant
de Lyon, étoit conftruite en fimple papier;
fa forme étoit celle de deux pyramides qua-
drangulaires tronquées, réunies par leur bafe,
qui avoit huit pieds de côté ; les fommets tron-
qués en avoient quatre, & l'axe commun huit ,
ce qui ne formoit qu'une contenance de 300
pieds cubes tout au plus.

La réunion des bafes étoit affujettie par
quelques languettes de bois de huit pieds de
long , & l'ouverture inférieure par quatre de
quatre pieds.

Quatre gros fils de fer, partant des quatre
angles de l'ouverture inférieure, fe réuniffoient

T üj

au mil'eu, pour y fupporter un cylindre de fil de fer, d'un pied de long & fix pouces de diamètre.

Après avoir chargé la Machine de gaz, par le moyen du feu, le cylindre fut rempli d'un rouleau de trente feuilles de papier imbibées d'une livre d'huile d'olive, auquel on mit le feu.

La Machine, s'élevant avec rapidité, fut portée du côté de la ville ; lorfqu'elle eut parcouru environ un quart de lieue dans cette direction, elle fe trouva élevée à la hauteur des nuages, & fut chaffée comme eux du côté du nord ; continuant à s'élever, elle obéit au vent d'eft-fud-eft qui régnoit dans cette région. On la fuivit quelque tems dans cette direction, mais fon diamètre apparent étoit devenu fi petit, qu'il échappoit à la vue des fpectateurs ; ceux qui avoient l'œil le plus perçant, la fuivirent encore pendant quelques inftans, jufqu'à ce qu'ils la perdirent entièrement, 22 minutes après fon départ. *Extrait d'une lettre de M. de Montgolfier.*

Méthode graphique pour couper les fuseaux d'un Globe.

1°. Soit décrit le demi-cercle *A B C* du diamètre du Ballon proposé, *fig. 5, planc. VII.*

2°. Elever du centre *D* une perpendiculaire *D B* ;

3°. Divifer chacun des arcs *A B* & *B C* en fix parties égales, & par ces points de divifion, tirer des parallèles au diamètre ;

4°. Conftruire une figure auxiliaire, *fig. 6, pl. VII*, dont la longueur eft égale au développement des fix parties comprifes dans l'arc *C B* ;

5°. A chacune des fix divifions de cette même figure auxiliaire, tracer des parallèles 1, 2, 3, 4, 5, 6, fur lefquelles les dimenfions du fufeau feront rapportées de la manière fuivante :

6°. On partage l'arc *A* 1, *fig. 5*, en deux parties égales, & du point de partage on tire le rayon 1 *D* ; enfuite tous les rayons des parallèles *G* 5, *H* 4, *I* 3, *K* 2, *L* 1, feront portés du point *D* comme centre, pour décrire tous les arcs de réduction 5, 4, 3, 2, 1.

7°. On prendra la mefure de chacun de ces arcs de réduction que l'on apportera par ordre fur la figure auxiliaire ; c'eft-à-dire, que

T iv

(296)

l'arc 5 fera porté fur la parallèle 6 , pour avoir les deux points du fufeau fur cette parallèle ; l'arc 4 porté fur la parallèle 4, & ainfi de fuite ; ce qui détermine les fix points de chaque côté de la ligne, qui fervent à tracer le fufeau. L'on prendra un patron en papier ou en carton fur cette dimenfion, & il fervira de modèle pour couper le taffetas ou la toile deftinée a former le Globe.

DESCRIPTION du robinet repréfenté dans la Planche premiere.

LA figure 1, Planc. I, offre la coupe verticale du robinet ; A eft le cylindre creux fur lequel on fixoit le goulot du Ballon. Ce cylindre étoit retenu par le colet B C.

La boîte P eft remplie par un cône, ajufté de manière à retenir l'air. Ce cône intérieur a un trou perpendiculaire à fon axe, deftiné à faire paffer l'air de la partie inférieure du robinet à la partie fupérieure ; communication qui s'intercepte à volonté, en tournant la clef L, qui entre dans un trou carré repréfenté dans la figure 2.

Figure 3, eft le même robinet vu de face. Les anneaux 1, 2, 3, fervoient à retenir le

(297)

Globe avec des cordes, dans le cas où on n'eût pas voulu l'abandonner.

Figure 4, eſt le plan du colet *B C.*

Figure 5 repréſente le robinet tout monté, avec la ligature qui l'uniſſoit au Globe.

La plaque vue en face, *figure 6*, & de profil *figure 7*, étoit fixée à la partie ſupérieure du Globe, moyennant quatre vis qui entroient dans une autre plaque placée dans l'intérieur. Les deux anneaux qu'on y remarque, ſervoient à ſoutenir le Globe, au moyen d'une corde qu'on y avoit placée ; & cette corde coulant dans une poulie fixée à une ſeconde corde tranſverſale, permettoit d'abaiſſer & de re-monter le Globe à volonté, dans le tems qu'on étoit occupé à le remplir. Le cylindre placé entre les deux anneaux, étoit deſtiné à recevoir une pointe de métal, dans le cas où l'on faire eût voulu des expériences relatives à l'électricité.

DESCRIPTION de la Caiſſe à air inflam-mable repréſentée dans la Planche II.

Cette Planche repréſente la gravure de la Machine imaginée par MM. Robert, pour développer promptement une grande quantité

d'air inflammable ; mais l'expérience ayant
démontré l'insuffisance de cet appareil, je ne
le fais connoître ici que parce que je l'avois
fait graver avant qu'on en eût fait usage. Je
l'avois à la vérité trouvé beaucoup trop compli-
qué, mais l'on m'assuroit avec tant de confiance qu'il iroit à souhait, que je ne balançai
pas à le faire graver.

Cet appareil pourroit d'ailleurs donner à
quelque méchanicien l'idée d'en faire une application plus heureuse, soit en le simplifiant,
soit en y faisant des changemens avantageux.

Les cinq tiroirs dont cette Machine est
composée, étoient doublés en plomb, pour
éviter qu'ils fussent attaqués par l'acide vitriolique ; mais ils étoient beaucoup trop lourds
& difficiles à manœuvrer.

Ces tiroirs étant chargés de limaille &
d'acide vitriolique, étoient fermés sur - le -
champ, & l'on interrompoit toute communication avec l'air extérieur, au moyen d'une
coulisse dont la gravure donne la représen-
tation.

L'on avoit la facilité d'interrompre la communication d'un tiroir à l'autre, par l'extérieur,
au moyen d'une virole qui faisoit tourner à
volonté un ais qui fermoit ou ouvroit le
passage à l'air.

Le gaz inflammable étant parvenu au haut
de l'appareil, y rencontroit un syphon de
plomb à large ouverture, & plein d'eau : l'air
se faisant jour par la route qui lui opposoit le
moins de réfistance, devoit traverser l'eau,
& de là se rendre par le cylindre extérieur
qu'on voit sur la caisse, & qui étoit en verre,
dans le robinet qui y étoit adhérent, & de là
dans le Globe. L'on avoit conftruit le cylindre
extérieur en verre, afin qu'on eût la facilité de
voir quand l'air montoit, ou lorsqu'il cessoit
de se dévelo[r]per.

Mais cette Machine dont le premier apperçu
étoit assez ingénieux, éprouva de grands inconvéniens ; les tiroirs n'étoient pas assez
profonds, la chaleur & l'humidité faisoient
travailler les bois, l'air inflammable ne pouvoit pas vaincre la colonne d'eau ; & il fallut renoncer à l'appareil.

F I N.

APPROBATION.

J'AI lu par ordre de Monseigneur le Garde des Sceaux, *les Expériences de la Machine aérostatique de MM. de Montgolfier, &c. recueillies par M. Faujas de Saint-Fond* ; je n'y ai rien trouvé qui puisse empêcher l'impression de cet Ouvrage intéressant. A Paris, ce 19 Octobre 1783.

Signé, S A G E.

PRIVILEGE DU ROI.

LOUIS, par la grace de Dieu, Roi de France & de Navarre : A nos amés & féaux Conseillers, les Gens tenans nos Cours de Parlement, Maîtres des Requêtes ordinaires de notre Hôtel, Grand-Conseil, Prévôt de Paris, Baillifs, Sénéchaux, leurs Lieutenans Civils & autres nos Justiciers qu'il appartiendra : SALUT. Notre amé le sieur CUCHET, Libraire, Nous a fait exposer qu'il desireroit faire imprimer & donner au Public *une Description des expériences de la Machine aérostatique de MM. de Montgolfier, &c. recueillies par M. Faujas de Saint Fond*; s'il nous plaisoit lui accorder nos Lettres de Privilege pour ce nécessaires. A CES CAUSES, voulant favorablement traiter l'Exposant, Nous lui avons permis & permettons par ces Présentes, de faire imprimer ledit Ouvrage autant de fois que bon lui semblera, & de le vendre, faire vendre & débiter par tout notre Royaume, pendant le temps de dix années consécutives, à compter de la date des Présentes. FAISONS défenses à tous Imprimeurs, Libraires & autres personnes de quelque qualité & condition qu'elles soient, d'en introduire d'impression étrangère dans aucun lieu de notre obéissance ; comme aussi d'imprimer ou faire imprimer, vendre, faire vendre, débiter ni contrefaire ledit Ouvrage, fous quelque prétexte que ce puisse être, fans la permission expresse & par écrit dudit Exposant, ses hoirs ou ayans-caufe, à peine de faifie & de confifcation des exemplaires contrefaits, de fix mille livres d'amende, qui ne pourra être modérée pour la premiere fois, de pareille amende & de déchéance d'état, en cas de récidive, & de tous dépens, dommages & intérêts, conformément à l'Arrêt du Confeil du 30 Août 1777, concernant les contrefaçons : A la charge que ces Préfentes feront enregiftrées tout au long fur le Regiftre de la Communauté des Imprimeurs & Libraires de Paris, dans trois mois de la date d'icelles ; que l'impreffion dudit Ouvrage fera faite dans notre Royaume & non ailleurs, en beau papier & beaux caracteres, conformément aux Réglemens de la Librairie, à peine de déchéance du préfent Privilége ; qu'avant de l'expofer en vente, le manufcrit qui aura fervi de copie à l'impreffion dudit Ouvrage, fera remis dans le même état où l'Approbation y aura été donnée, ès mains de notre très-cher & féal Chevalier, Garde des Sceaux de France, le Sieur HUE DE MIROMÉNIL, Commandeur de nos Ordres ; qu'il en fera enfuite remis deux exemplaires dans notre Bibliotheque publique, un dans celle de notre Château du Louvre, un dans celle de notre très-cher & féal Chevalier, Chancelier de France, le Sieur DE MAUPEOU, & un dans celle dudit Sieur HUE DE MIROMÉNIL : le tout à peine de nullité des Préfentes : Du contenu defquelles vous mandons & enjoignons de faire jouir ledit Exposant & fes ayanscaufe pleinement & paifiblement, fans fouffrir qu'il leur foit fait aucun trouble ou empêchement. Voulons que la copie des Préfentes, qui fera imprimée tout au long, au commencement ou à la fin dudit Ouvrage, foit tenue pour duement fignifiée, & qu'aux copies collationnées par l'un de nos amés & féaux Confeillers - Secrétaires, foi foit ajoutée comme à l'original. Commandons au premier notre Huiffier ou Sergent fur ce requis, de faire pour l'exécution d'icelles, tous actes requis & néceffaires, fans demander autre permiffion, & nonobftant clameur

de Haro , Charte Normande , & Lettres à ce contrai
res : Car tel eſt notre plaiſir. Donné à Fontainebleau , le
vingt-neuvième jour du mois d'Octobre , l'an de grace
mil ſept cent quatre-vingt-trois , & de notre Règne le
dixième. Par le Roi en ſon Conſeil.

Signé , LE BEGUE.

Regiſtré ſur le Regiſtre XXI *de la Chambre Royale
& Syndicale des Libraires & Imprimeurs de Paris ,* N°.
3108, fol. 964, *conformément aux diſpoſitions énoncées
dans le préſent Privilége, & à la charge de remettre à
ladite Chambre les huit exemplaires preſcrits par l'article*
CVIII *du Réglement de* 1723. *A Paris , ce* 7 *Novembre* 1783.

Signé , LE CLERC, *Syndic.*

De l'Imprimerie de CHARDON, rue de la Harpe,
près celle de la Parcheminerie. 1783.

SUPPLÉMENT.

CET Ouvrage étoit entièrement imprimé, & alloit voir le jour, lorsque l'expérience qu'on avoit le projet de faire à la Muette, a eu lieu. L'on doit au zèle de Madame la Duchesse de Polignac, Gouvernante des Enfans de France, cette expérience à jamais mémorable.

Je m'empresse d'en publier le procès-verbal, fait au Château de la Muette, en attendant que je puisse donner dans le volume de supplément, de plus grands détails à ce sujet.

Cette expérience a été faite avec la Machine aérostatique représentée dans la Planche VIII.

PROCÈS-VERBAL dressé au Château de la Muette après l'expérience de la Machine aérostatique de M. de Montgolfier.

Aujourd'hui 21 Novembre 1783, au Château de la Muette, on a procédé à une expérience de la Machine aérostatique de M. de Montgolfier.

Le ciel étant couvert de nuages dans plusieurs parties, clair dans d'autres, le vent nord-ouest.

A midi huit minutes, on a tiré une boîte qui a servi de signal pour annoncer qu'on commençoit à remplir la Machine. En huit minutes, malgré le vent, elle a été développée dans tous les points & prête à partir, M. le marquis *d'Arlandes* & M. *Pilatre de Rozier* étant dans la galerie.

La première intention étoit de faire enlever la Machine & de la retenir avec des cordes, pour la mettre à l'épreuve, étudier les poids exacts qu'elle pouvoit porter, & voir si tout étoit convenablement disposé pour l'expérience importante qu'on alloit tenter.

Mais la Machine poussée par le vent, loin de s'élever verticalement, s'est dirigée sur une des allées du jardin, & les cordes qui la retenoient, agissant avec trop de force, ont occasionné plusieurs déchirures, dont une de plus de six pieds de longueur. La Machine, ramenée sur l'estrade, a été réparée en moins de deux heures.

Ayant été remplie de nouveau, elle est partie à une heure 54 minutes, portant les mêmes personnes ; on l'a vue s'élever de la manière la plus majestueuse ; & lorsqu'elle a été parvenue à environ 250 pieds de hauteur, les intrépides voyageurs, baissant leurs chapeaux, ont salué les spectateurs. On n'a pu s'empêcher d'éprouver alors un sentiment mêlé de crainte & d'admiration.

Bientôt les navigateurs aériens ont été perdus de vue ; mais la Machine, planant sur l'horizon, & étalant la plus belle forme, a monté au moins à trois mille pieds de hauteur, où elle est toujours restée visible : elle a traversé la Seine au-dessous de la barrière de la Conférence, & passant de-là entre l'Ecole Militaire & l'Hôtel des Invalides, elle a été à portée d'être vue de tout Paris.

Les voyageurs satisfaits de cette experience, & ne voulant pas faire une plus longue course, se sont concertés pour descendre ; mais s'appercevant que le vent les portoit sur les maisons de la rue de Séve, F. S. G., ils ont conservé leur sens-froid, & développant du gaz, ils se sont élevés de nouveau, & ont continué leur route en l'air jusqu'à ce qu'ils ayent eu dépassé Paris.

Ils sont descendus alors tranquillement dans la campagne, au delà du nouveau boulevard, vis-à-vis le moulin de *Croulebarbe*, sans avoir éprouvé la plus légère incommodité, ayant encore dans leur galerie les deux tiers de leur approvisionnement ; ils pouvoient donc, s'ils l'eussent désiré, franchir un espace triple de celui qu'ils ont parcouru ; leur route

a été de 4 à 5000 toises, & le temps qu'ils
y ont employé, de 20 à 25 minutes.

Cette Machine avoit 70 pieds de hauteur,
46 pieds de diamètre . elle contenoit 60000
pieds cubes, & le poids qu'elle a enlevé etoit
d'environ *seize à dix-sept cens livres*.

Fait au Château de la Muette, à cinq heures
du soir. *Signé*, le Duc *de Polignac*, le Duc
de Guines, le Comte *de Polastron*, le Comte
de Vaudreuil, *d'Hunaud*, Benjamin *Franklin*, *Faujas de Saint-Fond*, *Delisle*, *Leroy*,
de l'Académie des Sciences.

E R R A T A.

P<small>AGE</small> xxxij, *ligne* 21 *du Discours préliminaire*, je
fais, *lisez*, j'ai fait.

Page 14 *ligne* 3 ; l'on employa 1000 liv. pesant de
limaille de fer en poudre ou en copeaux, & 498 liv.
d'acide vitriolique, *ajoutez*, selon le compte produit par MM. les frères Robert, & acquitté par eux.
Il s'en falloit beaucoup que cette quantité fût nécessaire ; mais il y a eu de grands dégâts.

Page 45, *ligne* 1, la Planche III, *lisez*, la Planche
V, placée à la tête du Livre.

Page 194, *ligne* 15, des Machines aérostatiques en
taffetas, *lisez*, des Ballons aérostatiques.

Page 230, *ligne* 12, faisant ensuite transporter, l'un
après l'autre, des tonneaux vuides au haut de ma
Machine, je ferai passer par le robinet supérieur,
partie du gaz qu'elle contient, *lisez*, on peut plus
commodément vuider la Machine, & remplir les
tonneaux par le robinet inférieur, au moyen d'une
pompe aspirante & foulante ; & le robinet supérieur
ne doit servir que pour vuider promptement la Machine lorsqu'on est pressé de descendre.

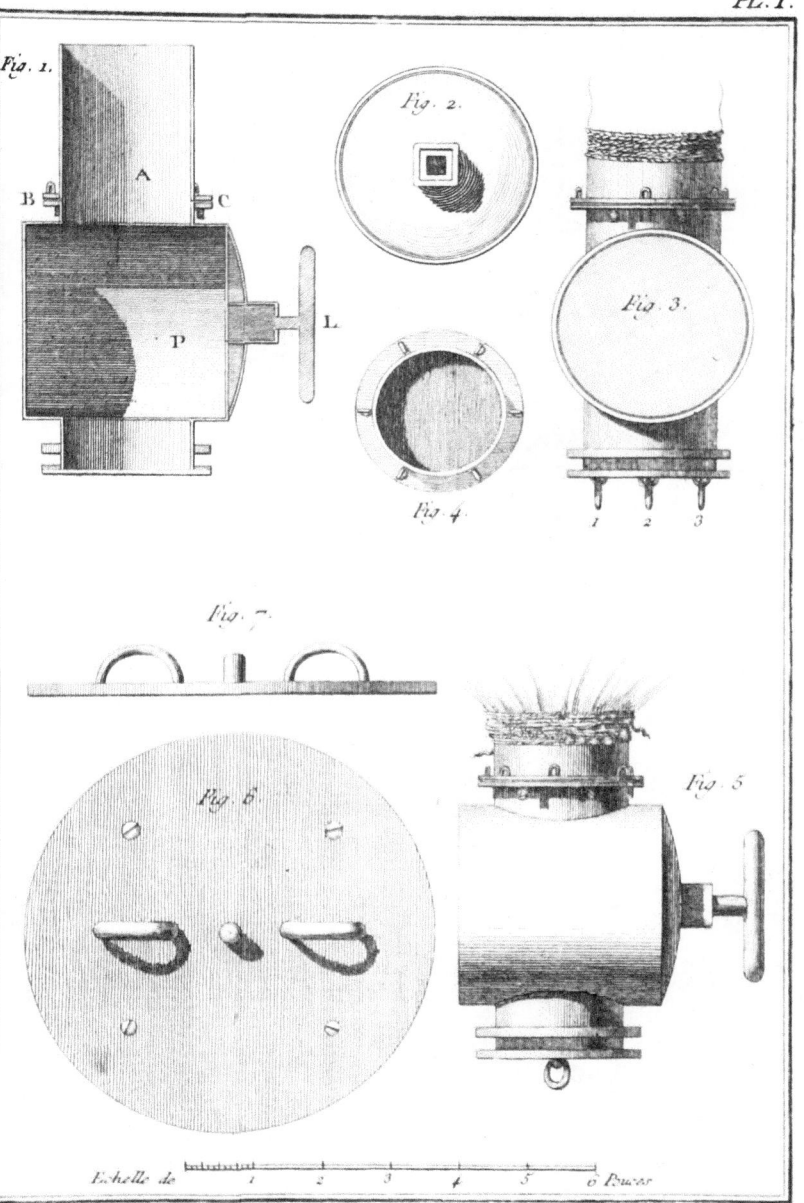

Fig. 1.

A

B   C

P   L

Fig. 2.

Fig. 3.

Fig. 4.

1   2   3

Fig. 7.

Fig. 6.

Fig. 5.

Echelle de   1   2   3   4   5   6 Pouces

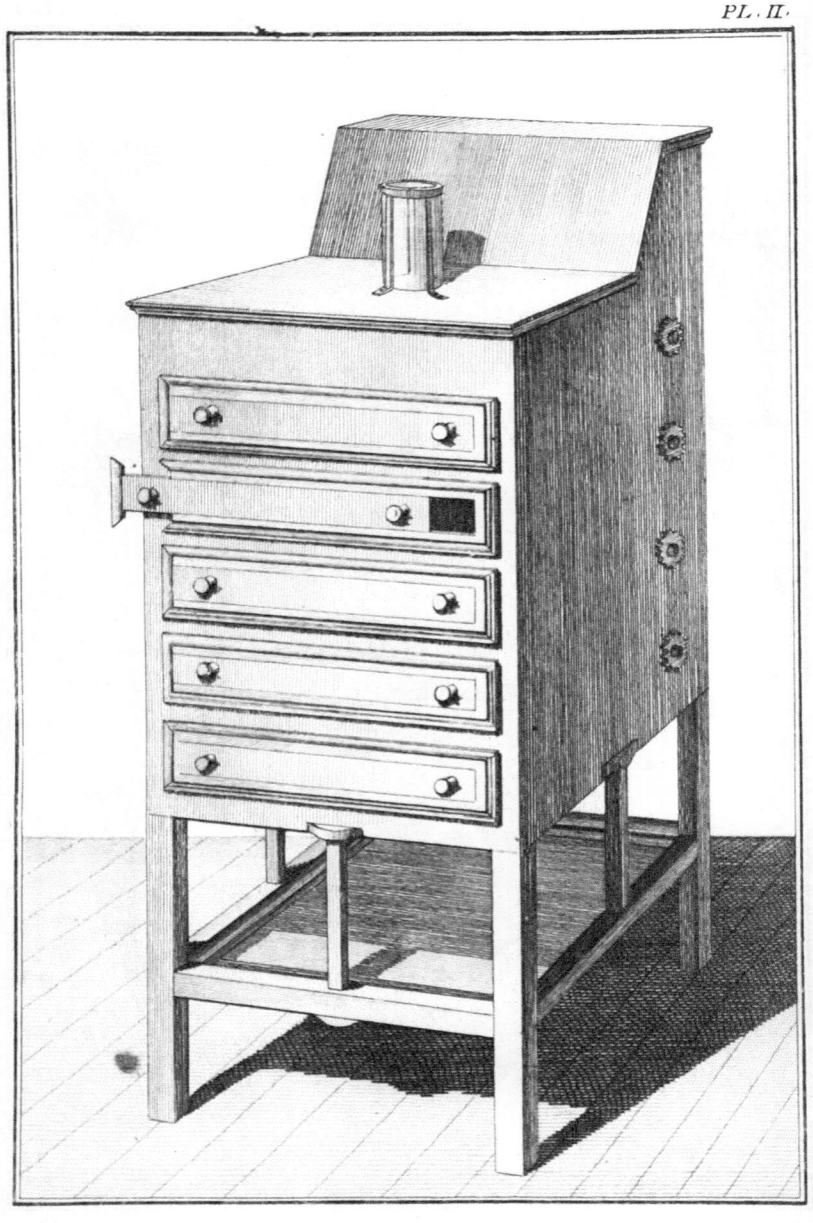

Ber tault Sculp.

Pl. IV.

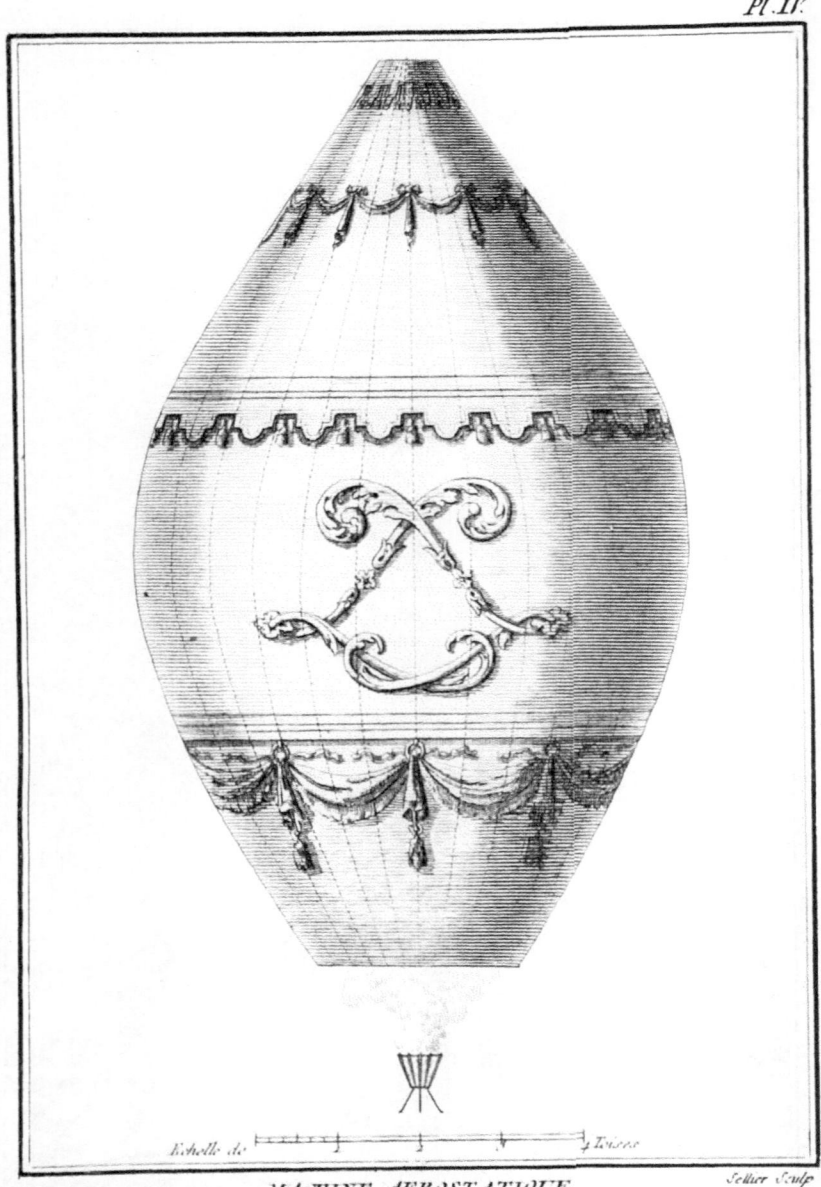

Echelle de |⊢⊢⊢⊢⊢| ⊢ ⊢ ⊢| 4 Toises

Sellier Sculp.

MACHINE AÉROSTATIQUE
de Mr. Montgolfier, construite dans le Jardin de Mr. Reveillon, rue de Montreuil
Fauxbourg St. Antoine aux dépens de l'Académie Royale des Sciences

Pl. VI.

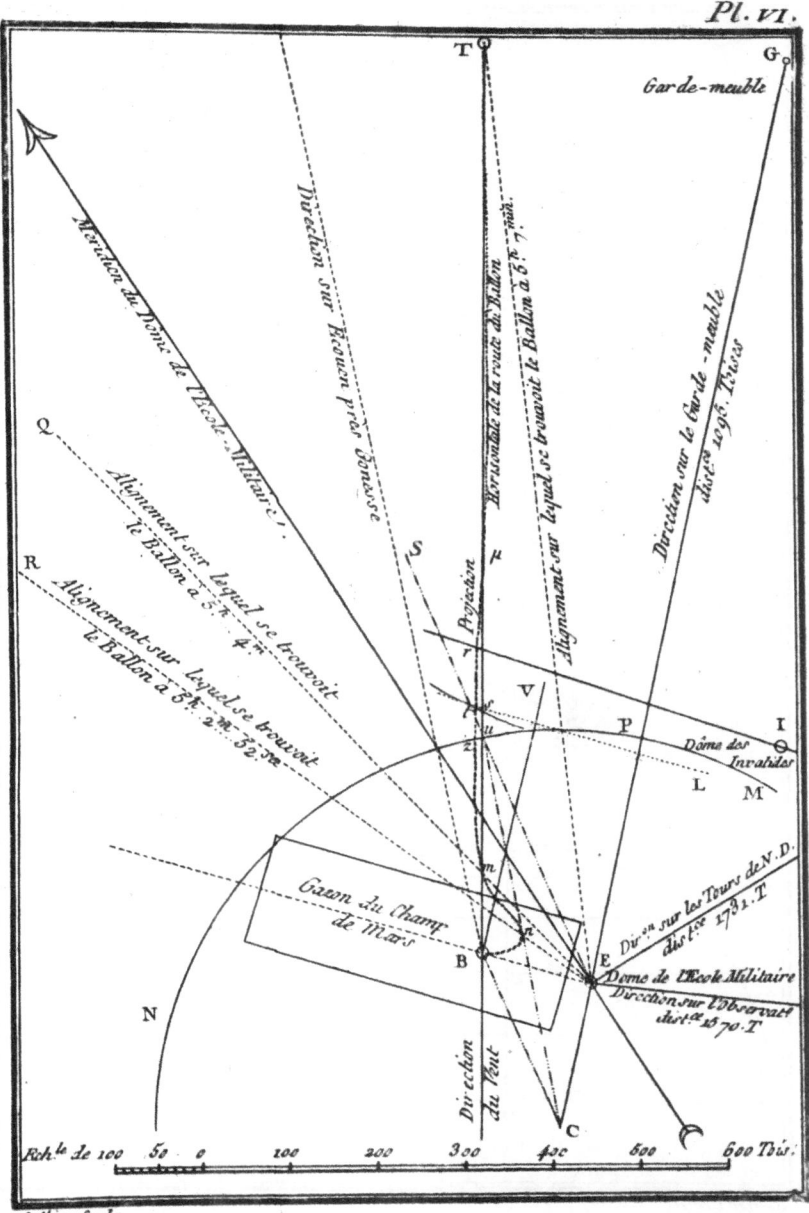

Gar de - meuble

Meridien du Dôme de l'École Militaire.

Direction sur Brouen près Sénarse

Horisontale de la route du Ballon

Alignement sur lequel se trouvoit le Ballon à 3.ʰ 7.ᵐⁱⁿ

Direction sur le Gar de - meuble dist.ᵉ 1058. Tois.

Q

Alignement sur lequel se trouvoit le Ballon à 3.ʰ 4.ᵐ

S

Projection

R

Alignement sur lequel se trouvoit le Ballon à 3.ʰ 2.ᵐ 32.ˢᵉᶜ

μ

V

P   *Dôme des*   I
                Invalides
                        L   M

Gazon du Champ de Mars

m

Dir.ⁿ sur les Tours de N.D. dist.ᵉ 1531.T   E

B   *Dôme de l'École Militaire*

N   *Direction sur l'Observat.ᵉ dist.ᵉ 1570.T*

Direction du Vent

C

Selber Sculp.

Pl. VII.

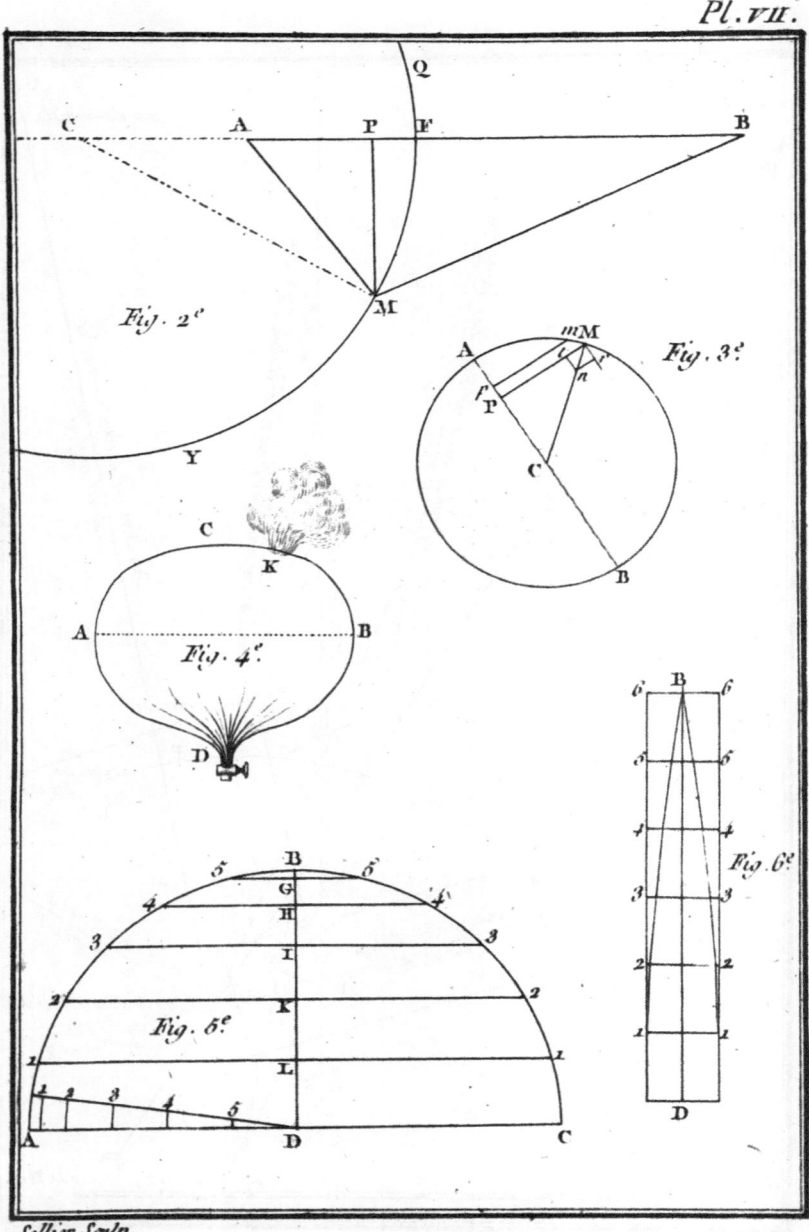

Sellier Sculp.

Machine Aérostatique de 70 Pieds de hauteur sur 46 de Diamètre, qui s'est élevé
à Paris, avec deux homme à la hauteur de 324 Pieds le 19. Oct. 1783.

Pl. IX.

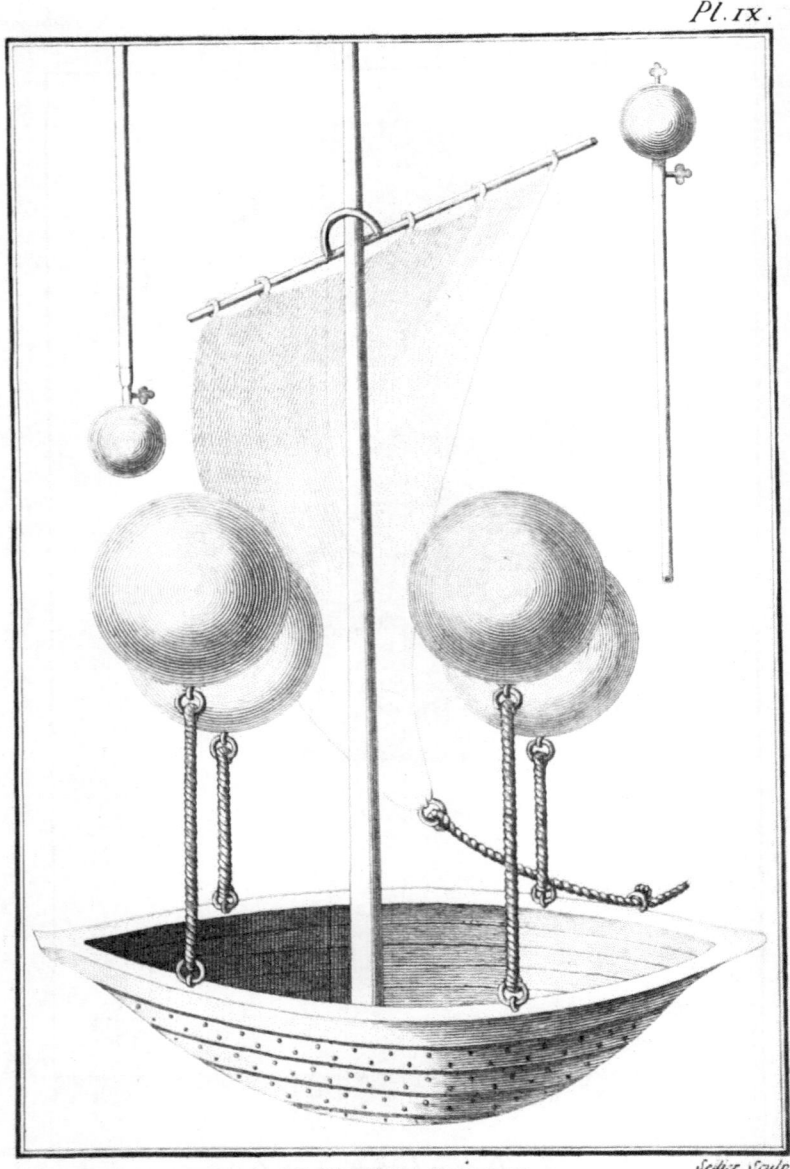

Seilier Sculp.

BATTEAU VOLANT,
copié sur celui du Jesuite-Lana.